JavaScript ES8 函数式编程实践入门

(第2版)

[印] 安托·阿拉文思(Anto Aravinth)
斯里坎特·马基拉朱(Srikanth Machiraju) 著
梁 平 译

清华大学出版社
北 京

北京市版权局著作权合同登记号 图字：01-2021-5978
First published in English under the title
Beginning Functional JavaScript: Uncover the Concepts of Functional Programming with EcmaScript 8, Second Edition
by Anto Aravinth, Srikanth Machiraju
Copyright © Anto Aravinth and Srikanth Machiraju, 2020
This edition has been translated and published under licence from Apress Media, LLC, part of Springer Nature.

本书中文简体字版由Apress出版公司授权清华大学出版社出版。未经出版者书面许可，不得以任何方式复制或抄袭本书内容。

本书封面贴有清华大学出版社防伪标签，无标签者不得销售。
版权所有，侵权必究。举报：010-62782989，beiqinquan@tup.tsinghua.edu.cn。

图书在版编目(CIP)数据

JavaScript ES8函数式编程实践入门：第2版 / (印)安托•阿拉文思(Anto Aravinth)，(印)斯里坎特•马基拉朱(Srikanth Machiraju) 著；梁平译. —北京：清华大学出版社，2022.1

书名原文：Beginning Functional JavaScript: Uncover the Concepts of Functional Programming with EcmaScript 8, Second Edition

ISBN 978-7-302-59777-3

Ⅰ. ①J… Ⅱ. ①安… ②斯… ③梁… Ⅲ. JAVA 语言—程序设计 Ⅳ. ①TP312.8

中国版本图书馆 CIP 数据核字(2022)第 000538 号

责任编辑：王 军
装帧设计：孔祥峰
责任校对：成凤进
责任印制：杨 艳

出版发行：清华大学出版社
网 址：http://www.tup.com.cn，http://www.wqbook.com
地 址：北京清华大学学研大厦 A 座 **邮 编：**100084
社 总 机：010-83470000 **邮 购：**010-62786544
投稿与读者服务：010-62776969，c-service@tup.tsinghua.edu.cn
质 量 反 馈：010-62772015，zhiliang@tup.tsinghua.edu.cn
印 装 者：三河市东方印刷有限公司
经 销：全国新华书店
开 本：148mm×210mm **印 张：**8 **字 数：**230 千字
版 次：2022 年 3 月第 1 版 **印 次：**2022 年 3 月第 1 次印刷
定 价：59.80 元

产品编号：092508-01

译　者　序

函数式编程是一种编程典范，它将计算机运算视为函数的计算。函数编程语言最重要的基础是 λ 演算(lambda calculus)。而且 λ 演算的函数能以函数作为输入(参数)和输出(返回值)。和指令式编程相比，函数式编程认为函数的计算比指令的执行重要。不同于过程化编程，在函数式编程中，函数的计算可随时调用。

在函数式编程中，编程人员可用一个天然框架开发更小、更简单和更一般化的模块，然后将它们组合在一起。函数式编程的一些基本特点包括：支持闭包和高阶函数，支持惰性计算、折叠递归、折叠引用透明性等。

JavaScript 是一种直译式脚本语言，是一种动态类型、弱类型、基于原型的语言，内置支持类型。它的解释器被称为 JavaScript 引擎，为浏览器的一部分，广泛用于客户端的脚本语言，最早应用于 HTML(标准通用标记语言下的一个应用)网页，目的是给 HTML 网页增加动态功能。

JavaScript 非常容易学。本书着力介绍 JavaScript 当今主要特性的运用技巧，从基本概念开始，逐步介绍按照当今 Web 标准编写 JavaScript 代码的方式。本书内容包括函数式编程简介、JavaScript 函数基础、高阶函数、闭包与高阶函数、数组的函数式编程、柯里化与偏应用、组合与管道、函子、Monad、Generator 的用法、小型库的构建、测试方法与技巧。

无论你是资深 JavaScript 编程人员，还是零基础新手，都可从本书中获益！本书是介绍 JavaScript 编程的经典教程。

在这里要感谢清华大学出版社的编辑们，他们为本书的出版投入了巨大的热情并付出了很多心血。没有他们的帮助和鼓励，本书不可能顺利付梓。

对于这本经典之作，译者本着“诚惶诚恐”的态度，在翻译过程中力求“信、达、雅”，但是鉴于译者水平有限，不足在所难免，如有任何意见和建议，请不吝指正。

梁平

作 者 简 介

Anto Aravinth 从事软件行业已经 6 年多了。他开发了许多用最新技术编写的系统。Anto 了解 JavaScript 的基础知识及其工作方式，并培训了许多人。Anto 在业余时间也做 OSS，他喜欢打乒乓球。

Srikanth Machiraju 作为开发人员、架构师、技术培训师和社区发言人，拥有超过 10 年的工作经验。他目前在 Microsoft Hyderabad 担任高级顾问，领导一个由 100 名开发人员和质量分析师组成的团队，为石油行业的科技巨头开发一个先进的云计算平台。他的目标是成为一名企业架构师，能够智能设计超大规模的现代应用程序，不断学习和分享使用前沿平台和技术的现代应用程序开发策略。在加入 Microsoft 前，他曾在 BrainScale 担任企业培训师和高级技术分析师，负责应用程序设计、开发，并使用 Azure 进行迁移。他是一名精通技术的开发人员，热衷于拥抱新技术，并通过博客和社区分享他的学习历程。他还撰写了题为“Learning Windows Server Containers”(学习 Windows 服务器容器)和“Developing Bots with Microsoft Bot Framework”(用 Microsoft 机器人框架开发机器人)的博客文章。

技术审校者简介

Sakib Shaikh 一直在一家大型科学出版社担任技术主管，拥有超过 10 年的 JavaScript 前端和后端系统全栈开发经验。在过去几年里，他一直在审阅技术书籍和文章，并以培训师、博客写手和导师的身份为开发者社区做出贡献。

致　　谢

我还记得在第一份实习工作中为 Juspay 系统编写的第一段代码。编程对我来说很有趣；有时，这也是一种挑战。现在，我有 6 年的软件开发经验，我想把我所有的知识都传递给社区。我喜欢教书，喜欢与社区分享我的想法，以获得反馈。这正是我撰写本书第 2 版的原因。

我不得不承认，在我经历的人生各个阶段一直站在我身边的人屈指可数：我的父亲 Belgin Rayen、母亲 Susila、姐夫 Kishore、姐姐 Ramya 和小侄子 Joshuwa，他们一直支持我，鼓励我更努力地实现目标。我想对 Divya 和本书的技术审校者说声谢谢，因为他们做得很好。幸运的是，我有一个很好的合作者 Srikanth，他的工作也非常出色。

最后，我要特别感谢 Bianaca、Deepak、Vishal、Arun、Vishwapriya 和 Shabala，是他们为我的生活增添了欢乐。

Anto Aravinth

我要感谢 Apress 给了我第二次写作的机会。我也要感谢我的家人，特别是我亲爱的妻子 Sonia Madan 和我 4 个月大的儿子 Reyanesh，感谢他们在这段时间里给予我的支持。

Srikanth Machiraju

前　　言

一本书的第 2 版总是不同寻常的。当我写第 1 版时，我有大约两年的 IT 工作经验。读者对第 1 版的评价褒贬不一。我一直想在负面评价上下功夫，让内容更好，让本书物有所值。与此同时，JavaScript 得到了很大的发展。许多突破性的变化被添加到该语言中。Web 中充满了 JavaScript，请想象一个没有 Web 的世界。很困难，对吧？

第 2 版在第 1 版的基础上取得了很大改进，主要讲授 JavaScript 函数式编程的基础知识。其中增加了许多新内容，例如，如何用函数概念构建一个用于创建 Web 应用程序的库，还增加了测试部分。我们已重写本书以匹配最新的 ES8 语法，并使用了许多 async、await 模式和更多的示例!

你将从本书中获得许多知识，同时将在运行示例时获得乐趣。请开始阅读吧。

目　　录

第 1 章

函数式编程简介

函数遵循两条原则：第一条原则是要小，第二条是要更小。

——Robert C. Martin

欢迎来到函数式编程的世界。在这个只有函数的世界中，我们愉快地生活着，没有任何外部环境的依赖，没有状态，没有突变——永远没有。函数式编程是最近的一个热点。你可能在团队中和小组会议中听说过这个术语，或许还进行过一些思考。如果你已了解它的含义，非常好！但是那些不知道的人也不必担心。本章的目的就是：用通俗的语言介绍函数式编程。

本章将以一个简单的问题作为开端：数学中的函数是什么？随后给出函数的定义并用其创建一个简单的 JavaScript 函数示例。本章结尾将说明函数式编程带给开发者的好处。

1.1 什么是函数式编程？它为何重要

在开始了解函数式编程这个术语的含义之前，我们要回答另一个问题：数学中的函数是什么？数学中的函数可写成如下形式：

$$f(X) = Y$$

这条语句可被解读为："一个函数 f，以 X 作为参数，并返回输出 Y。"

例如，*X* 和 *Y* 可以是任意的数字。这是一个非常简单的定义，但是其中包含几个关键点：

- 函数必须总是接收一个参数。
- 函数必须总是返回一个值。
- 函数应该依据接收到的参数(例如 *X*)运行，而不是依据外部环境运行。
- 对于一个给定的 *X*，只会输出一个 *Y*。

为什么我们要了解数学中的函数定义，而不是 JavaScript 中的函数定义？这是一个值得思考的问题。答案非常简单：函数式编程技术主要基于数学函数和它的思想。但是等等——我们并不是要在数学中教你函数式编程，而是使用 JavaScript 传授该思想。但是在整本书中，我们将看到数学函数的思想和用法，以便理解函数式编程。

有了数学函数的定义，下面看看 JavaScript 函数的例子。假设我们要编写一个计税函数。在 JavaScript 中，你会如何做？

我们可实现如代码清单 1-1 所示的函数。

代码清单 1-1　计税函数

```
var percentValue = 5;
var calculateTax = (value) => { return value/100 * (100 +
percentValue) }
```

上面的 calculateTax 函数准确地实现了我们的想法。可用参数调用该函数，它会在控制台中返回计算后的税值。该函数看上去很整洁，不是吗？让我们暂停一下，用数学的定义分析它。数学函数定义的一个关键点是函数逻辑不应依赖外部环境。在 calculateTax 函数中，我们让函数依赖全局变量 percentValue。因此，该函数在数学意义上就不能被称为一个真正的函数。下面将修复该问题。

修复方法非常简单：只需要移动 percentValue，并把它用作函数的参数。见代码清单 1-2。

代码清单 1-2 重写计税函数

```
var calculateTax = (value, percentValue) => { return value/100 *
(100 + percentValue) }
```

现在，calculateTax 函数可被称为一个真正的函数。但是我们得到了什么？我们只是在该函数内部消除了对全局变量的访问。若移除一个函数内部对全局变量的访问，会使该函数的测试变得更容易(稍后将讨论函数式编程的好处)。

现在我们了解了数学函数与 JavaScript 函数的关系。通过这个简单的练习，就能用简单的技术术语定义函数式编程。函数式编程是一种范式，我们能以此创建仅依赖输入就可完成自身逻辑的函数。这可保证函数被多次调用时仍然返回相同的结果。函数不会改变外部环境的任何变量，这将产生可缓存的、可测试的代码库。

函数与 JavaScript 方法

前面介绍了很多有关函数的内容。在继续之前，必须理解函数和 JavaScript 方法之间的区别。

简言之，函数是一段可通过其名称被调用的代码。它可传递参数并返回值。

然而，方法是一段必须通过其名称及其关联对象来调用的代码。

下面快速看一下函数和方法的例子，如代码清单 1-3 和代码清单 1-4 所示。

代码清单 1-3 一个简单函数

```
var simple = (a) => {return a}          // 一个简单函数
simple(5)                               // 用其名称调用
```

代码清单 1-4 一个简单方法

```
var obj = {simple : (a) => {return a} }
obj.simple(5) // 用其名称及其关联对象调用
```

函数式编程的定义没有提及两个重要的特性。在深入研究函数式编程的好处之前，第 1.2 节和第 1.3 节将详细阐述这两个重要的特性。

1.2 引用透明性

根据函数的定义，可得出结论：所有函数对于相同的输入都将返回相同的值。函数的这一属性被称为引用透明性(referential transparency)。下面举一个简单例子，如代码清单 1-5 所示。

代码清单 1-5 引用透明性的例子

```
var identity = (i) => { return i }
```

上面的代码片段定义了一个简单的函数 identity。你以什么作为输入，该函数就会返回什么。也就是说，如果你传入 5，它就会返回 5(换言之，该函数就像一面镜子或一个恒等式)。注意，函数只根据传入的参数 i 进行操作，在函数内部没有全局引用(记住，在代码清单 1-2 中，我们从全局访问中移除了 percentValue，并将它用作传入的参数)。该函数满足了引用透明性条件。现在假设该函数被用于其他函数调用之间，如下所示：

```
sum(4,5) + identity(1)
```

根据引用透明性的定义，可把上面的语句转换为：

```
sum(4,5) + 1
```

该过程被称为替换模型(substitution model)，因为我们可直接替换函数的结果(主要因为函数的逻辑不依赖其他全局变量)，这与它的值是一样的。这使并发代码和缓存成为可能。想象一下，凭借该模型，可轻松地用多线程运行上面的代码，甚至不需要同步！为什么？同步的原因在于线程不应该在并发运行的时候依赖全局数据。遵循引用透明性的函数只依赖来自参数的输入。因此，线程可自由地运行，没有任何锁机制！

由于函数会为给定的输入返回相同的值，我们实际上可缓存它了！例如，假设用一个名为 factorial 的函数计算给定数值的阶乘。factorial

接收输入作为参数以计算其阶乘。我们都知道 5 的阶乘是 120。如果用户第二次调用 5 的 factorial，情况会如何呢？如果 factorial 函数遵循引用透明性，我们知道结果将依然是 120(并且它只依赖输入参数)。记住这个特性后，我们就能缓存 factorial 函数的值。因此，当 factorial(以 5 作为输入)被第二次调用时，就能返回已缓存的值，而不必再计算一次。

由此可见，引用透明性在并发代码和可缓存代码中发挥着重要的作用。稍后将带你编写一个用于缓存函数结果的库函数。

引用透明性是一种哲学

引用透明性一词来自分析哲学 (https://en.wikipedia.org/wiki/Analytical_philosophy)。该哲学分支研究自然语言的语义及其含义。单词 referential 或 referent 意指表达式引用的事物。句子中的上下文是引用透明的，如果用另一个表示相同实体的词语替换上下文中的一个词语，并不会改变句子的含义。

这就是本节定义的引用透明性。如果替换函数的值，并不会影响上下文。这就是函数式编程的哲学！

1.3 命令式、声明式与抽象

函数式编程主张声明式编程和编写抽象的代码。在进一步探讨之前，需要理解这两个术语。我们都知道并使用过多种命令式范式。下面以一个问题为例，看看如何用命令式和声明式方法解决它。

假设有一个数组，你想遍历它并把它打印到控制台。相关代码如代码清单 1-6 所示。

代码清单 1-6　用命令式方法遍历数组

```
var array = [1,2,3]
for(i=0;i<array.length;i++)
   console.log(array[i]) // 打印 1, 2, 3
```

这段代码运行良好。但是为了解决问题，我们精确地告诉程序应该“如何”做。例如，我们用数组长度的索引计算结果编写了一个隐式的 for 循环并打印出数组项。在此暂停一下。我们的任务是什么？“打印数组的元素”，对不对？但是看起来我们似乎在告诉编译器该做什么。在本例中，我们在告诉编译器：“获得数组长度，循环数组，用索引获取每一个数组元素，等等。”我们称之为命令式解决方案。命令式编程主张告诉编译器“如何”做。

现在来看另一方面——声明式编程。在声明式编程中，要告诉编译器做“什么”，而不是“如何”做。“如何”做的部分将被抽象到普通函数中(这些函数被称为高阶函数，后续章节将予以介绍)。现在，可用内置的 forEach 函数遍历数组并打印它。见代码清单 1-7。

代码清单 1-7　用声明式方法遍历数组

```
var array = [1,2,3]
array.forEach((element) => console.log(element))
// 打印 1, 2, 3
```

代码清单 1-7 打印了与代码清单 1-6 相同的输出。但是此处移除了“如何”做的部分，比如“获得数组长度，循环数组，用索引获取每一个数组元素，等等”。这里使用了一个处理“如何”做的抽象函数，如此，开发者只需要关心手头的问题(做“什么”的部分)。在整本书中，我们都将创建这样的内置函数。

函数式编程主张以抽象的方式创建函数，这些函数可在代码的其他部分被重用。现在，我们对什么是函数式编程有了透彻的理解。在此基础上，我们可以去研究函数式编程的好处了。

1.4　函数式编程的好处

现在，我们已经了解了函数式编程的定义和一个非常简单的 JavaScript 函数，但是不得不回答一个简单问题：函数式编程的好处是什么？本节将帮助你透过现象看本质，了解函数式编程带给我们的巨大好处！大多数函数式编程的好处来自编写的纯函数。在此之前，我们将了解什么是纯函数。

1.5　纯函数

有了前面的定义，我们就能明确纯函数的含义。纯函数是对给定的输入返回相同输出的函数。举一个例子，见代码清单 1-8。

代码清单 1-8　一个简单的纯函数

```
var double = (value) => value * 2;
```

上面的函数 double 是一个纯函数，因为给它一个输入，它总是返回相同的输出。你不妨自己试试。用 5 作为输入调用 double 函数总是返回结果 10！纯函数遵循引用透明性。因此，我们能毫不犹豫地用 10 替换 double(5)。

所以，纯函数了不起的地方是什么？它能带给我们很多好处。下面依次讨论。

1.5.1　纯函数生成可测试的代码

不纯的函数有副作用。下面以前面的计税函数(见代码清单 1-1)为例进行说明：

```
var percentValue = 5;
var calculateTax = (value) => { return value/100 * (100 +
percentValue) } // 依赖外部环境的 percentValue 变量
```

函数 calculateTax 不是纯函数，主要是因为它依赖外部环境计算其逻辑。尽管该函数可运行，但非常难以测试！下面看看原因。

假设我们打算对 calculateTax 函数运行测试，分别执行 3 次不同的税值计算。按如下方式设置环境：

```
calculateTax(5) === 5.25

calculateTax(6) === 6.3
```

```
calculateTax(7) === 7.3500000000000005
```

整个测试通过了！但是别急，既然原始的 calculateTax 函数依赖外部环境变量 percentValue，就有可能出错。假设在你运行相同的测试用例时，外部环境正在改变变量 percentValue：

```
calculateTax(5) === 5.25
// percentValue 被其他函数改成 2
calculateTax(6) === 6.3 // 这条测试能通过吗？

// percentValue 被其他函数改成 0
calculateTax(7) === 7.3500000000000005 // 这条测试能通过吗，还是会抛
                                        // 出异常？
```

如你所见，此时的 calculateTax 函数很难测试。但这个问题很容易解决：从该函数中移除外部环境依赖。代码如下：

```
var calculateTax = (value, percentValue) => { return value/100
* (100 + percentValue) }
```

现在可以顺畅地测试 calculateTax 函数了！在结束本节前，我们需要提及纯函数的一个重要属性：纯函数不应改变任何外部环境的变量。换言之，纯函数不应依赖任何外部变量(就像例子中展示的那样)，也不应改变任何外部变量。通过改变任意一个外部变量，我们就能马上理解其中的含义。例如，思考一下代码清单 1-9。

代码清单 1-9　badFunction 例子

```
var global = "globalValue"
var badFunction = (value) => { global = "changed";
return value * 2 }
```

当 badFunction 函数被调用时，它将全局变量 global 的值改成 changed。需要担心这件事吗？是的！假设另一个函数的逻辑依赖 global 变量，那么调用 badFunction 的动作会影响其他函数的行为。具有这种性质的函数(也就是具有副作用的函数)会使代码库变得难以测试。除了测试，在调试的时候这些副作用会使系统的行为变得非常难以预测！

至此，我们通过简单的示例了解到纯函数有助于我们更容易地测试代码。现在来看一下纯函数的其他好处——合理的代码。

1.5.2 合理的代码

作为开发者，我们应该善于推理代码或函数。通过创建和使用纯函数，能非常轻易地实现该目标。为明确这一点，下面将使用一个简单的 double 函数(来自代码清单 1-8)：

```
var double = (value) => value * 2
```

通过函数的名称，能轻易地推理出：此函数使给定的数值翻倍，其他什么也没做！事实上，根据引用透明性概念，可简单地用相应的结果替换 double 函数调用！开发者的大部分时间花在阅读他人的代码上。如果代码库中包含具有副作用的函数，团队中的其他开发者将难以阅读此代码。包含纯函数的代码库更易于阅读、理解和测试。记住，函数(无论它是否为纯函数)必须始终具有一个有意义的名称。按照这种说法，在给定行为后不能将函数 double 命名为 dd。

脑力小游戏

我们只需要用值替换函数，就好像不看它的实现就知道结果一样！这在理解函数思想的过程中是一个巨大的进步。我们取代函数值，并假定这是它要返回的结果！

为了快速练习你的脑力，下面用内置的 Math.max 函数测试你的推理能力。

给定函数调用：

```
Math.max(3,4,5,6)
```

结果是什么？

为了给出结果，你看 max 的实现了吗？没有，对不对？为什么？答案是 Math.max 是纯函数。现在喝一杯咖啡吧，你已经表现得很出色了！

1.6 并发代码

纯函数总是允许并发地执行代码。因为纯函数不会改变它的环境，这意味着我们根本不需要担心同步问题！当然，JavaScript 并没有真正的多线程来并发地执行函数，但是，如果项目使用了 WebWorker 并发地执行多任务，该怎么办呢？或者，如果 Node 环境中有一段服务端代码需要并发地执行函数，又该怎么办呢？

例如，假设代码清单 1-10 给出如下代码：

代码清单 1-10 非纯函数

```
let global = "something"
let function1 = (input) => {
    // 处理 input
    // 改变 global
    global = "somethingElse"
}
let function2 = () => {
    if(global === "something")
    {
        // 业务逻辑
    }
}
```

如果需要并发地执行 function1 和 function2，该怎么办呢？假设线程一(T-1)选择 function1 执行，线程二(T-2)选择 function2 执行。现在两个线程都准备好执行了，那么问题来了：如果 T-1 在 T-2 之前执行，情况会如何？由于两个函数(function1 和 function2)都依赖全局变量 global，如果并发地执行这些函数，将会引起不良影响。现在把这些函数改为纯函数，如代码清单 1-11 所示。

代码清单 1-11 纯函数

```
let function1 = (input,global) => {
    // 处理 input
    // 改变 global
```

```
    global = "somethingElse"
}
let function2 = (global) => {
    if(global === "something")
    {
        // 业务逻辑
    }
}
```

此处移动了 global 变量，将它用作两个函数的参数，使它们变成纯函数。现在可以并发地执行这两个函数了，不必担心任何问题。因为函数不依赖外部环境(global 变量)，所以我们不必像执行代码清单 1-10 时那样担心线程的执行顺序。

本节说明了纯函数如何使代码并发执行，而不会带来任何问题。

1.7　可缓存

既然纯函数总是为给定的输入返回相同的输出，那么我们能缓存函数的输出。为了讲得更具体些，这里列举一个简单例子。假设有一个做耗时计算的函数，名为 longRunningFunction：

```
var longRunningFunction = (ip) => { //do long running tasks and
return }
```

如果 longRunningFunction 函数是纯函数，那么可推知，对于给定的输入，它总会返回相同的输出！考虑到这一点，为什么要通过多次输入来反复调用该函数呢？不能用函数的上一个结果代替函数调用吗？(此处注意我们是如何使用引用透明性概念的，因此，用上一个结果值代替函数的做法不会改变上下文。)假设有一个记账对象，它存储了 longRunningFunction 函数的所有调用结果，如下所示：

```
var longRunningFnBookKeeper = { 2 : 3, 4 : 5 . . . }
```

longRunningFnBookKeeper 是一个简单的 JavaScript 对象，存储了所有的输入(key)和输出(value)，它是 longRunningFunction 函数的调用结

果。现在使用纯函数的定义，我们能在调用原始函数之前检查 key 是否在 longRunningFnBookKeeper 中，如代码清单 1-12 所示。

代码清单 1-12　通过纯函数缓存结果

```
var longRunningFnBookKeeper = { 2 : 3, 4 : 5}
// 检查 key 是否在 longRunningFnBookKeeper 中
// 如果在，则返回结果，否则更新记账对象
longRunningFnBookKeeper.hasOwnProperty(ip) ?
      longRunningFnBookKeeper[ip] :
      longRunningFnBookKeeper[ip] = longRunningFunction(ip)
```

上面的代码相当直观。在调用真正的函数之前，用相应的 ip 检查函数的结果是否在记账对象中。如果在，则返回之，否则就调用原始函数并更新记账对象中的结果。看到了吗？用更少的代码很容易使函数调用可缓存。这就是纯函数的魅力！

本书随后将带你编写一个使用纯函数调用的、用于处理缓存或技术性记忆(technical memorization)的函数库。

1.8　管道与组合

使用纯函数，我们只需要在函数中做一件事。纯函数能够自我理解，我们通过其名称就能知道它所做的事情。纯函数应该被设计为只做一件事的函数。UNIX 的理念是，只做一件事并把它做到完美，在实现纯函数时也要遵循这一原则。UNIX 和 Linux 平台有很多用于日常任务的命令。例如，cat 用于打印文件内容，grep 用于搜索文件，wc 用于计算行数，等等。这些命令的确一次只解决一个问题。但我们可用组合或管道来完成复杂的任务。假如要在一个文件中找到一个特定的名称并统计它的出现次数，在命令提示符中要如何做？命令如下：

```
cat jsBook | grep -i "composing" | wc
```

上面的命令通过组合多个函数解决了我们的问题。组合不是 UNIX/Linux 命令行独有的，但它们是函数式编程范式的核心。我们把它们称为函数式组合(functional composition)。假如同样的命令行在

JavaScript 函数中已经实现了，我们就能根据同样的原则使用它们解决问题！

现在考虑用一种不同的方式解决另一个问题。假设你想计算文本中的行数，如何解决呢？你已经有了答案。不是吗？根据我们的定义，命令实际上是一种纯函数。它接收参数并向调用者返回输出，且不改变任何外部环境！

遵循一个简单的定义，我们就能收获很多好处。本章结束之前将说明纯函数与数学函数之间的关系。

1.9 纯函数是数学函数

在第 1.7 节中，我们见过如下一段代码(见代码清单 1-12)：

```
var longRunningFunction = (ip) => { //do long running tasks and
return }
var longRunningFnBookKeeper = { 2 : 3, 4 : 5 }
// 检查 key 是否在 longRunningFnBookKeeper 中
// 如果在，则返回结果，否则更新记账对象
longRunningFnBookKeeper.hasOwnProperty(ip) ?
    longRunningFnBookKeeper[ip] :
    longRunningFnBookKeeper[ip] = longRunningFunction(ip)
```

这段代码的主要目的是缓存函数调用。我们通过记账对象实现了该功能。假设我们多次调用了 longRunningFunction，longRunningFnBookKeeper 增长为如下对象：

```
longRunningFnBookKeeper = {
    1 : 32,
    2 : 4,
    3 : 5,
    5 : 6,
    8 : 9,
    9 : 10,
    10 : 23,
    11 : 44
}
```

现在假设 longRunningFunction 的输入范围被限制为 1~11 的整数(正如例子所示)。因为我们已经为这个特别的范围构建了记账对象，所以只能参照 longRunningFnBookKeeper 为给定的输入返回输出。

下面分析该记账对象。该对象为我们清晰地描绘出，函数 longRunningFunction 接收一个输入并为给定的范围(在这个例子中，是 1~11)映射输出。此处的关键是，输入(在这个例子中，是 key)具有强制的、相应的输出(在这个例子中，是结果)。此外，key 中也不存在映射两个输出的输入。

经过上面的分析，我们再看一下数学函数的定义；这次是来自维基百科的更具体的定义，网址为 https://en.wikipedia.org/wiki/Function_(mathematics)：

在数学中，函数是一种输入集合和可允许的输出集合之间的关系，具有如下属性：每个输入都精确地关联一个输出。函数的输入被称为参数，输出被称为值。对于一个给定的函数，所有被允许的输入集合被称为该函数的定义域，而被允许的输出集合被称为值域。

上面的定义与纯函数的定义完全一致！看一下 longRunningFnBookKeeper 对象，你能找到函数的定义域和值域吗？当然可以！通过这个非常简单的例子，我们很容易发现数学函数的思想已被借鉴到函数式范式的世界(正如本章开始时阐述的那样)。

1.10 我们要构建什么

本章介绍了很多关于函数和函数式编程的知识。有了这些基础知识，我们将构建一个名为 ES8-Functional 的函数式库。本书的各个章节将带你一步步地构建此库。通过构建这个函数式库，你将探索如何使用 JavaScript 函数，以及如何在日常工作中应用函数式编程(使用创建的函数解决代码库中的问题)！

1.11　JavaScript 是函数式编程语言吗

在结束本章之前，我们要回答一个基础的问题：JavaScript 是函数式编程语言吗？可以说是，也可以说不是。本章的开头曾指出，函数式编程主张函数必须接收至少一个参数并返回一个值。不过坦率地讲，我们可在 JavaScript 创建一个不接收参数并且实际上什么也不返回的函数。例如，下面的代码在 JavaScript 引擎中是一段有效的代码：

```
var useless = () => {}
```

上面的代码在 JavaScript 中执行时不会报错！原因是 JavaScript 不是一种纯函数语言(比如 Haskell)，而更像是一种多范式语言。但是如本章所讨论的，这门语言非常适合函数式编程范式。到目前为止，我们讨论的技术和好处都可应用于纯 JavaScript！这就是本书书名的由来！

JavaScript 语言支持将函数用作参数，以及将函数传递给另一函数等特性——主要原因是 JavaScript 将函数视为一等公民(后续章节将进一步讨论)。由于函数定义的约束，开发者需要在创建 JavaScript 函数时将其考虑在内。如此，我们就能从函数式编程中获得很多优势，正如本章中讨论的一样。

1.12　小结

本章介绍了在数学和编程世界中函数的定义。我们从数学函数的简单定义开始，研究了简短而透彻的函数例子和 JavaScript 中的函数式编程。本章还介绍了什么是纯函数并详细讨论了它们的好处。本章结尾说明了纯函数和数学函数之间的关系，还讨论了 JavaScript 为何被视为一门函数式编程语言。通过本章的学习，你将收获颇丰。

下一章将介绍如何使用 ES8 创建并执行函数。使用 ES8 创建函数的方式有很多种，我们将在下一章学习这些方式！

第2章

JavaScript 函数基础

上一章介绍了函数式编程。软件世界中的函数就是数学函数。我们花了大量时间讨论纯函数如何能为我们带来巨大优势，比如并发代码、可缓存等。现在我们确信函数式编程的一切都是围绕函数展开的。

本章将探讨如何在 JavaScript 中使用函数。我们将使用最新的 JavaScript 版本 ES7/8。本章将介绍如何在 ES6 和更新版本中创建函数、调用函数以及传递参数，但这不是本书的目的。强烈建议你尝试书中所有的代码片段，以便掌握使用 ES8 函数(更准确地说，是箭头函数)的要领。

对如何使用函数有了透彻的理解后，我们将集中探讨如何在系统中运行 ES8 代码。到目前为止，浏览器并不能支持所有的 ES8 特性。为了解决该问题，我们将使用一个名为 Babel 的工具。在本章结尾，我们将展开创建函数式库的基础工作。为此，我们将使用一个由 babel-node 工具设置的 Node 项目，以便在系统中运行 ES8 代码。

注意：

本章的示例和类库源代码在 chap02 分支。仓库的 URL 是 https://github.com/antsmartian/functional-es8.git。

检出代码时，请检出 chap02 分支：

...

```
git checkout -b chap02 origin/chap02
...
```

为使代码运行起来，和前面一样，执行命令：

```
...
npm run playground
...
```

2.1 ECMAScript 历史

ECMAScript 是 JavaScript 的规范，由 ECMA 国际标准化组织维护，编号是 ECMA-262 和 ISO/IEC 16262。ECMAScript 的各个版本如下：

(1) ECMAScript1——JavaScript 语言的第 1 个版本，发布于 1997 年。

(2) ECMAScript2——JavaScript 语言的第 2 个版本，对前一个版本进行了小幅改动，发布于 1998 年。

(3) ECMAScript3——该版本引入了一些特性，发布于 1999 年。

(4) ECMAScript5——现在几乎所有的浏览器都支持该版本，它引入了严格模式，发布于 2009 年。ECMAScript5.1 有小幅修正，发布于 2011 年 6 月。

(5) ECMAScript6——在该版本中，JavaScript 有很多改变，比如引入了 class、Symbol、箭头函数和 Generator 等。

(6) ECMAScript7 和 ECMAScript8 有了新的概念，如同步等待、SharedArrayBuffer、尾随逗号、对象、条目等。

本书把 ECMAScript 称为 ES7。因此这两个术语是可以互换的。

2.2 创建并执行函数

本节将介绍如何用 JavaScript 的多种方式创建和执行函数。本节比较长，但是会很有趣！由于今天很多浏览器还不支持 ES6 或更高版本，我们需要寻找一种方法来平稳地运行代码。下面介绍一下 Babel。它是一个转换编译器，能把最新的代码转换为有效的 ES5 代码(注意，上一节提到过，ES5 可在当今所有浏览器中运行)。把代码转换为 ES5 后，开发者就可毫无障碍地学习并使用 ECMAScript 最新版本的特性了。我们可使用 Babel 运行本书中出现的所有代码示例。

Babel 安装完成后，让我们从第一个简单的函数开始吧。

2.2.1　第一个函数

我们将在本节定义第一个示例函数。在 ES6 或更新的版本中，最简单的函数可写成如下形式(见代码清单 2-1)：

代码清单 2-1　一个简单的函数

```
() => "Simple Function"
```

如果在 babel-repl 中尝试运行该函数，可看到如下结果：

```
[Function]
```

注意：

代码示例并非必须运行在 Babel 中。如果使用最新版本的浏览器并确信它支持 ECMAScript 的最新版本，那么可使用浏览器控制台来运行代码片段。要知道这是一种选择。如果在 Chrome 中运行代码，上面的代码片段应该返回如下结果：

```
function () => "Simple Function"
```

此处需要注意的是，结果可能根据运行代码片段的环境而展现不同的函数表达。

现在，我们有函数了！花点时间来分析一下上面的函数。把它们分解一下：

```
() => "Simple Function"
// ()代表函数参数
// =>是函数体/定义的开始
// =>后面的内容是函数体/定义
```

可以省略 function 关键词来定义函数。如上面的代码所示，我们使用了=>操作符来定义函数体。以这种方式创建的函数被称为箭头函数。我们将在全书中使用箭头函数。

定义了函数后，可执行它并看一下结果。等等！该函数没有名字。那么如何调用它呢？

注意：

没有名字的函数被称为匿名函数。下一章将讨论高阶函数，到时候我们就能理解函数式编程范式中匿名函数的用途了。

下面给它指定一个名字，如代码清单 2-2 所示。

代码清单 2-2　一个简单的有名字的函数

```
var simpleFn = () => "Simple Function"
```

我们现在可访问函数 simpleFn 了，因此，可使用该引用去执行它：

```
simpleFn()
// 在控制台中返回“Simple Function”
```

现在，我们已经创建并执行了一个函数。由此可见，在 ES5 中同样的函数看起来很像。可使用 Babel 把代码转换为 ES5，使用如下命令：

```
babel simpleFn.js --presets babel-preset-es2015 --out-file
script-compiled.js
```

这将在当前目录下生成一个名为 script-compiled.js 的文件。在编辑器中打开该文件：

```
"use strict";

var simpleFn = function simpleFn() {
  return "Simple Function";
};
```

这是等价的 ES5 代码！我们可以感受到，在最新版本中书写函数要容易和简洁得多！在转换后的代码片段中，有两个重要的地方需要注意。我们将逐一讨论。

2.2.2 严格模式

本节将讨论 JavaScript 中的严格模式。我们将了解它的好处，以及为什么应该选择严格模式。

让转换后的代码在严格模式下运行，如下所示：

```
"use strict";

var simpleFn = function simpleFn() {
  return "Simple Function";
};
```

严格模式和最新版本没有关系，但是适合在此处讨论。如前所述，在 ES5 中，严格模式被引入 JavaScript。

简言之，严格模式是 JavaScript 的一种受限变体。运行在严格模式下的同样的 JavaScript 代码与没有使用严格模式的代码在语义上有所不同。所有未在 js 文件中加入 use strict 的代码片段都将进入非严格模式。

为什么要使用严格模式？它的优势是什么？在 JavaScript 中使用严格模式，有很多优势。如果在全局状态下定义一个变量(也就是不使用 var 命令指定)，我们将体会到其中的一个明显的优势，如下所示。

```
"use strict";

globalVar = "evil"
```

在严格模式下，这段代码将会报错！这对于开发者来说是一个有用的异常捕捉，因为全局变量在 JavaScript 中非常有害。但是，如果同样的代码在非严格模式下运行，它就不会报错。

如你猜想的那样，在 JavaScript 中同样的代码可能产生不同的结果，无论是否运行在严格模式下。既然严格模式非常有帮助，我们将在转换编译 ES8 代码时让 Babel 使用严格模式。

注意：

可把 use strict 放在 JavaScript 文件的开头，这种情况下，它将在这个特定的文件中检查所有函数。也可以只在特定的函数中使用严格模式。这种情况下，严格模式只应用于那个特定的函数，其他函数则仍在非严格模式下运行。更多介绍请参阅 MDN(https://developer.mozilla.org/en-US/docs/Web/JavaScript/Reference/Strict_mode)。

2.2.3 return 语句是可选的

在转换后的 ES5 代码片段中，我们看到 Babel 在 simpleFn 中添加了 return 语句。

```
"use strict";
var simpleFn = function simpleFn() {
   return "Simple Function";
};
```

然而在真正的代码中，我们并没有指定任何 return 语句：

```
var simpleFn = () => "Simple Function"
```

因此在 ES8 中，如果有一个只有一条语句的函数，那么它隐式地表示它会返回一个值。那么，含有多条语句的函数情况如何呢？如何在 ES8 中创建它们?

2.2.4 多语句函数

现在我们将了解如何在 ES8 中编写多语句函数。先把 simpleFn 变得复杂些，如代码清单 2-3 所示。

代码清单 2-3 多语句函数

```
var simpleFn = () => {
  let value = "Simple Function"
  return value;
} // 用 { } 包裹多条语句
```

运行上面的代码，将得到与之前一样的结果。但此处使用了多条语句来完成同样的行为。除此之外，这里还使用了 let 关键字来定义 value 变量。let 关键字是 JavaScript 新增的关键字。它允许你声明限制在一个特定块作用域内的变量。它与 var 关键字不同，var 在一个函数内全局地定义变量，不管它定义在哪个块中。

为了了解得更具体些，我们可以使用一个 if 块中的 var 和 let 关键字编写相同的函数，如代码清单 2-4 所示。

代码清单 2-4　使用 var 和 let 关键字的 simpleFn

```
var simpleFn = () => { // 函数作用域
  if(true) {
    let a = 1;
    var b = 2;
    console.log(a)
    console.log(b)
  } // if 块作用域
  console.log(b) // 函数作用域
  console.log(a) // 函数作用域
}
```

运行该函数将获得如下输出：

```
1
2
2
Uncaught ReferenceError: a is not defined(...)
```

从输出中可以看出，用 let 关键字声明的变量只在 if 块内可访问，在块外则不可访问。当我们在块外访问变量 a 的时候，JavaScript 抛出了异常；但是对于用 var 声明的变量，并非如此。它将变量作用域声明为整个函数。这就是变量 b 在 if 块外可被访问的原因。

我们在后面非常需要块作用域，因此全书将使用 let 关键字定义变量。现在看看如何创建一个带参数的函数，这是最后一节的内容。

2.2.5　函数参数

在 ES8 中，用参数创建函数的方式与 ES5 中一样。看看下面的例子(见代码清单 2-5)。

代码清单 2-5　有参数的函数

```
let identity = (value) => value
```

此处创建了 identity 函数，它接收 value 作为参数并将它返回。如你所见，在 ES8 中，用参数创建函数的方式与 ES5 中一样，只有创建函数的语法改变了。

2.2.6 ES5 函数在 ES6 及更高版本中是有效的

在结束本节前，我们要明确一个重点。用 ES5 编写的函数在最新版本中仍然有效！较新版本引入的箭头函数并不会取代旧的函数语法或其他任何事情。但在全书中，我们将使用箭头函数来展现函数式编程方法。

2.3 设置项目

理解了如何创建箭头函数后，我们将焦点切换到本节的项目设置上。此处将把项目设置为一个 Node 项目。在本节结束时，我们将编写第一个函数式函数。

2.3.1 初始设置

本节将带你按照一个简单的指南循序渐进地设置环境。步骤如下：

(1) 第一步，创建一个存放源代码的目录。创建一个目录并任意命名。

(2) 进入目录并在终端上运行如下命令：

```
npm init
```

(3) 运行第二步后，它会提出一组问题，你可以提供想要的值。此步骤一旦完成，它将在当前目录下创建名为 package.json 的文件。

已创建的 package.json 文件如代码清单 2-6 所示。

代码清单 2-6 package.json 文件的内容

```
{
  "name": "learning-functional",
  "version": "1.0.0",
  "description": "Functional lib and examples in ES8",
```

```
  "main": "index.js",
  "scripts": {
    "test": "echo \"Error: no test specified\" && exit 1"
  },
  "author": "Anto Aravinth @antoaravinth",
  "license": "ISC"
}
```

现在需要添加一些允许编写并执行 ES8 代码的类库。在当前目录下运行下面的命令：

```
npm install --save-dev babel-preset-es2017-node7
```

注意：

本书使用的 Babel 版本是 “babel-preset-es2017-node7”。当你读到此处时，这个特定的版本很可能已经过时了。你可以自由地安装最新的版本，并且一切都应该很顺利。但在本书中，我们将使用这个特定的版本。

上面的命令将下载名为 ES2017 的 Babel 包，下载这个包的主要目的是，使 ES8 代码能在 Node js 平台上运行。原因是，在我写这本书的时候，Node js 还没有完全兼容 ES8 的特性。

运行了上面的代码后，可在当前目录下看到一个名为 node_modules 的文件夹，babel-preset-es2017-node7 文件夹就在其中。

由于我们在安装时使用了--save-dev，npm 会把相应的 Babel 依赖添加到 package.json 中。现在打开 package.json，它的内容如代码清单 2-7 所示。

代码清单 2-7　添加 devDependencies 之后

```
{
  "name": "learning-functional",
  "version": "1.0.0",
  "description": "Functional lib and examples",
  "main": "index.js",
  "scripts": {
    "test": "echo \"Error: no test specified\" && exit 1"
  },
```

```
  "author": "Anto Aravinth @antoaravinth>",
  "license": "ISC",
  "devDependencies": {
    "babel-preset-es2017-node7": "^0.5.2",
    "babel-cli": "^6.23.0"
  }
}
```

Babel 安装完毕后，可继续创建两个分别被称为 lib 和 functional-playground 的目录。目录结构如下：

```
learning-functional
  - functional-playground
  - lib
  - node_modules
    - babel-preset-es2017-node7/*
  - package.json
```

现在要把所有的函数式类库代码放到 lib 中，并使用 functional-playground 去运行和理解函数式技术。

2.3.2 用第一个函数式方法处理循环问题

假设我们要遍历数组并把数据打印到控制台。如何用 JavaScript 来实现？见代码清单 2-8。

代码清单 2-8 循环数组

```
var array = [1,2,3]
for(i=0;i<array.length;i++)
   console.log(array[i])
```

我们在第 1 章中讨论过，把操作抽象为函数，是函数式编程的核心思想之一。因此，我们需要把该操作抽象为函数，以便在需要的时候重用它，这优于重复地告诉程序“如何”去遍历该循环。

在 lib 目录中创建一个名为 es8-functional.js 的文件。目录结构如下：

```
learning-functional
  - functional-playground
  - lib
```

```
    - es8-functional.js
  - node_modules
    - babel-preset-es2017-node7/*
  - package.json
```

接下来将下面的内容添加到文件中。见代码清单 2-9。

代码清单 2-9　forEach 函数

```
const forEach = (array,fn) => {
    let i;
    for(i=0;i<array.length;i++)
      fn(array[i])
  }
```

注意：

目前不必关心该函数是如何运行的。下一章将探讨高阶函数的运行机制，并列举大量例子。

注意，要以关键字 const 为开头来定义函数。该关键字是 ES8 的一部分，用于声明常量。例如，如果尝试用相同的名称重新赋值变量，如下所示：

```
forEach = "" // 使函数成为字符串!
```

上面的代码将会抛出如下错误：

```
TypeError: Assignment to constant variable.
```

这将防止它被意外地重新赋值。现在使用上面的函数把所有数组数据打印到控制台。为此，在 functional-playground 目录中创建一个名为 play.js 函数的文件。当前的文件结构如下：

```
learning-functional
  - functional-playground
    - play.js
  - lib
    - es8-functional.js
  - node_modules
    - babel-preset-es2017-node7/*
```

```
- package.json
```

我们将在 play.js 文件中调用 forEach。但是如何调用不同文件中的函数呢？

2.3.3 export 要点

ES6 也引入了模块的概念。ES6 模块存储在文件中。在本例中，可把 es8-functional.js 文件本身看作一个模块。伴随模块的概念，产生了 import 和 export 语句。在本例中，需要导出 forEach 函数以便其他模块使用。因此，可将如下代码放入 es8-functional.js 文件中，见代码清单 2-10。

代码清单 2-10 导出 forEach 函数

```
const forEach = (array,fn) => {
  let i;
  for(i=0;i<array.length;i++)
    fn(array[i])
}
export default forEach
```

2.3.4 import 要点

如代码清单 2-10 所示，我们现在已经导出了函数，可继续通过 import 调用它。打开 play.js 文件并添加代码清单 2-11 中显示的代码。

代码清单 2-11 导入 forEach 函数

```
import forEach from '../lib/es8-functional.js'
```

上面一行代码告诉 JavaScript 从 es8-functional.js 中导入一个名为 forEach 的函数。现在，该 forEach 函数在整个文件中都可用了。在 play.js 中加入代码，如代码清单 2-12 所示。

代码清单 2-12 使用导入的 forEach 函数

```
import forEach from '../lib/es8-functional.js'
```

```
var array = [1,2,3]
forEach(array,(data) => console.log(data)) // 引用导入的 forEach
```

2.3.5　使用 babel-node 运行代码

下面运行 play.js 文件。因为我们在文件中使用了 ES8，所以必须用 babel-node 来运行代码。将 babel-node 用于转换编译 ES8 代码并使其在 Node js 上运行。babel-node 应与 babel-cli 一起安装。

可在项目的根目录下调用 babel-node，如下所示：

```
babel-node functional-playground/play.js --presets es2017
```

上面的命令告诉我们，play.js 文件应该用 es2017 转换编译并在 Node js 中运行。输出应该如下：

```
1
2
3
```

现在我们已经把逻辑抽象成了一个函数。假设要遍历数组并将数组的内容乘以 2 再打印，应如何处理？只需要简单地重用 forEach：

```
forEach(array,(data) => console.log(2 * data))
```

这样即可如预期一样打印输出！

注意：

我们将在全书中使用这种模式。将用命令式的方法讨论问题，然后用函数式技术实现并封装到 es8-functional.js 中的一个函数中，最后在 play.js 文件中使用！

2.3.6　在 npm 中创建脚本

前面介绍了如何运行 play.js 文件。但我们要做的事情还有很多！每次都要运行如下代码：

```
babel-node functional-playground/play.js --presets es2015-node5
```

与其这样，不妨把如下命令绑定到 npm 脚本中，并相应地修改 package.json。如代码清单 2-13 所示。

代码清单 2-13　向 package.json 添加 npm 脚本

```
{
"name": "learning-functional",
"version": "1.0.0",
"description": "Functional lib and examples",
"main": "index.js",
"scripts": {
  "playground" : "babel-node functional-playground/play.js
  --presets es2017-node7"
},
"author": "Anto Aravinth @antoaravinth",
"license": "ISC",
  "devDependencies": {
    "babel-preset-es2017-node7": "^0.5.2"
  }
}
```

现在把 babel-node 命令添加到脚本中，这样我们就能以如下方式运行 playground 文件(node functional-playground/play.js)。

```
npm run playground
```

这条命令将会像之前一样运行。

2.3.7　从 git 上运行源代码

本章讨论的代码都将发布到 git 仓库(https://github.com/antoaravinth/functional-es8)。可使用 git 把它们克隆到系统中，如下所示：

```
git clone https://github.com/antsmartian/functional-es8.git
```

克隆仓库后，可切换到某个特定章节的源代码分支。每一章在仓库中都有自己的分支。例如，为了查看第 2 章中使用的代码示例，需要输入如下命令：

```
git checkout -b chap02 origin/chap02
```

检出分支后，就可与之前一样运行 playground 文件。

2.4 小结

本章以极大的篇幅讲解如何在 ES8 模块中使用函数，介绍了如何利用 Babel 工具的优势在 Node 平台上无缝地运行 ES8 代码，还教你创建了一个 Node 项目。在项目中，我们了解了如何使用 babel-node 转换代码，并使用 presets 使其运行在 Node 环境中，也了解了如何下载并运行书中的源代码。有了这些技术，在下一章中我们将重点讨论高阶函数。后续章节还将讨论 ES7 的 async/await 特性。

第3章

高阶函数

上一章讲解了如何在ES8中创建简单的函数，也介绍了如何用Node生态系统设置函数式编程的运行环境。实际上，上一章中我们创建了第一个名为forEach的函数式编程应用程序接口(API)。它的特别之处在于：我们传入了一个函数并以此作为forEach函数的参数。此处没有什么技巧，将函数作为参数来传递，是JavaScript规范的一部分。作为一门语言，JavaScript将函数视为数据。这是一个非常强大的概念，允许我们以函数代替数据进行传递。接收另一函数作为其参数的函数被称为高阶函数(Higher-Order Function)。

本章将深入研究高阶函数。我们将从一个简单的例子和高阶函数的定义开始，然后通过更多真实的例子了解高阶函数如何帮助程序员轻松地解决复杂问题。与之前一样，我们将把本章中创建的高阶函数添加到类库中。让我们开始吧！

我们将创建一些高阶函数并将其添加到类库中，以理解其背后的运行机制。类库对于当前资源的学习是有益的，但并没有为生产环境做好准备。请记住这一点。

注意：

本章的示例和类库源代码在chap03分支。仓库的URL是https://github.com/antsmartian/functional-es8.git。

检出代码时，请检出 chap03 分支:

```
...
git checkout -b chap03 origin/chap03
...
```

为使代码运行起来，和前面一样，执行命令:

```
...
npm run playground
...
```

3.1 理解数据

作为程序员，我们知道程序作用于数据。数据对于程序的执行很重要。因此，几乎所有的编程语言都为程序员提供了可操作的数据。例如，可把一个人的名字存入 String 数据类型。下一节将介绍 JavaScript 提供的一些数据类型。本节结尾将用简明的示例引入高阶函数的明确定义。

3.1.1 理解 JavaScript 数据类型

每种编程语言都有数据类型。这些数据类型能存储数据并允许程序作用于其中。在本节，我们将了解 JavaScript 的数据类型。

简单地讲，作为一种语言，JavaScript 支持如下几种数据类型:

- Number
- String
- Boolean
- Object
- null
- undefined

重要的是，函数也可充当 JavaScript 的一种数据类型。函数是类似 String 的数据类型，因此，我们能够传递它们，把它们存入变量，等等。由于 JavaScript 允许将函数用作其他任何数据类型，函数被称为一等公民(first-class citizens)。也就是说，函数可被赋值给变量，作为参数传递，也可被其他函数返回，类似于 String 和 Number 数据。下一节将列举一个关于存储和传递函数的例子。

3.1.2　存储函数

如上一节所述，函数就是数据。既然它是数据，我们就可把它存入变量。下面的代码(见代码清单 3-1)从字面上讲是一段有效的 JavaScript 代码。

代码清单 3-1　把函数存入变量

```
let fn = () => {}
```

在上面的代码片段中，fn 就是一个指向函数数据类型的变量。运行下面的代码快速地检验一下，可知 fn 的类型就是 function。

```
typeof fn
=> "function"
```

既然 fn 是函数的引用，我们可以这样调用它：

```
fn()
```

上面的代码将执行 fn 指向的函数。

3.1.3　传递函数

作为 JavaScript 程序员，我们知道如何向函数传递数据。想一想下面的函数(见代码清单 3-2)，它接收一个参数并将参数的类型打印到控制台。

代码清单 3-2　tellType 函数

```
let tellType = (arg) => {
   console.log(typeof arg)
}
```

向 tellType 函数传入参数并查看它的执行结果：

```
let data = 1
tellType(data)
=> number
```

此处没有特别之处。如上一节所述，我们可把函数存入变量(因为 JavaScript 中的函数就是数据)。那么，假如传递一个引用函数的变量，会如何呢？下面快速检验一下：

```
let dataFn = () => {
   console.log("I'm a function")
}
tellType(dataFn)
=> function
```

太棒了！如果传入参数的类型是 function，tellType 就会执行它，如代码清单 3-3 所示。

代码清单 3-3　如果参数是函数，tellType 就会执行它

```
var tellType = (arg) => {
  if(typeof arg === "function")
    arg()
  else
       console.log("The passed data is " + arg)
}
```

此处检验传入的 arg 类型是否为 function。如果是，则调用它。记住，如果一个变量的类型是 function，这表示它引用了一个可执行的函数。因此，在代码清单 3-3 中，如果程序进入 if 语句，就调用 arg()。

下面通过传递 dataFn 变量来执行 tellType 函数：

```
tellType(dataFn)
=> I'm a function
```

我们成功地把函数 dataFn 传递给另一个函数 tellType，而 tellType 执行了传入的函数。就是这么简单。

3.1.4 返回函数

上一节介绍了如何把一个函数传递给另一个函数。因为函数是JavaScript中的简单数据，所以我们能把它们从其他函数中返回(像其他数据类型一样)。

举一个简单的例子，一个函数返回了另一个函数，如代码清单3-4所示。

代码清单3-4 返回String的crazy函数

```
let crazy = () => { return String }
```

注意：

JavaScript有一个名为String的内置函数。可使用该函数创建新的字符串值，如下所示：

```
String("HOC")
=> HOC
```

注意，crazy函数返回一个指向String函数的函数引用。下面调用crazy函数：

```
crazy()
=> String() { [native code] }
```

如你所见，调用crazy函数的操作返回了一个String函数。注意，它只返回了函数引用，但并没有执行函数。因此，我们可以暂存返回的函数引用，并以如下方式调用：

```
let fn = crazy()
fn("HOC")
=> HOC
```

或者不妨试试如下方式：

```
crazy()("HOC")
=> HOC
```

注意：

我们将在所有返回其他函数的函数顶部使用简单的文档。这在后面的学习中会很有帮助，因为它使源代码变得更易于阅读了。例如，crazy 函数的文档如下所示：

```
//Fn => String
let crazy = () => { return String }
```

Fn => String 注释有助于读者理解 crazy 函数，它执行并返回了另一个指向 String 的函数。

本书将使用这种可读的注释。

根据以上几节的内容可知，函数可接收另一函数作为其参数，还有一些函数不会返回另外的函数。现在，是时候引入高阶函数的定义了：高阶函数是接收函数作为参数并且/或者返回函数作为输出的函数。

3.2 抽象和高阶函数

现在我们了解了如何创建并执行高阶函数。一般而言，高阶函数通常用于抽象通用的问题。换句话讲，高阶函数就是定义抽象。

本节将讨论高阶函数与抽象的关系。

3.2.1 抽象的定义

维基百科向我们提供了抽象的定义：

在软件工程和计算机科学中，抽象是一种管理计算机系统复杂性的技术。它通过确立个人与系统进行交互的复杂程度，把更复杂的细节抑制在当前水平之下。程序员应该使用理想的界面(通常定义良好)，并且可添加额外级别的功能，否则该界面处理起来将会很复杂。

介绍中还包含如下文字(令我们感兴趣的地方)：

例如，一个编写涉及数值操作代码的程序员可能不会对底层硬件中的数字表现方式感兴趣(例如，不在乎它们是16位还是32位整数)，也不会在意这些细节在哪里被屏蔽。可以说，它们被抽象出来了，只留下简单的数字给程序员处理。

上面的文字清晰地给出了抽象的理念。抽象让我们专注于预定的目标，而不必关心底层的系统概念。

3.2.2 通过高阶函数实现抽象

本节将介绍高阶函数如何实现上一节中讨论的抽象概念。上一章中定义的 forEach 函数的代码片段(见代码清单 2-9)如下：

```
const forEach = (array,fn) => {
   for(let i=0;array.length;i++)
      fn(array[i])
}
```

上面的 forEach 函数抽象出了遍历数组的问题。API forEach 的用户不需要理解 forEach 是如何实现遍历的，因此把问题抽象出来了。

注意：

在 forEach 函数中，通过一个参数调用传入的 fn 函数，作为数组当前的遍历内容，如下所示：

```
. . .
fn(array[i])
. . .
```

因此，当 forEach 函数的用户这样调用它时：

```
forEach([1,2,3],(data) => {
// data 作为参数从 forEach 函数传递给当前函数
})
```

---

forEach 本质上遍历了数组。那么如何遍历一个 JavaScript 对象呢？步骤如下：

(1) 遍历给定对象的所有 key。

(2) 识别 key 是否属于该对象本身。

(3) 如果步骤(2)为 true，则获取 key 的值。

下面把这些步骤抽象到一个名为 forEachObject 的高阶函数中。见代码清单 3-5。

代码清单 3-5 forEachObject 函数定义

```
const forEachObject = (obj,fn) => {
    for (var property in obj) {
        if (obj.hasOwnProperty(property)) {
            // 以 key 和 value 作为参数调用 fn
            fn(property, obj[property])
        }
    }
}
```

注意：

forEachObject 接收第一个参数作为 JavaScript 对象(即 obj)，而第二个参数是函数 fn。它用上面的算法遍历对象，并分别以 key 和 value 作为参数调用 fn。

下面是运行结果：

```
let object = {a:1,b:2}
forEachObject(object, (k,v) => console.log(k + ":" + v))
=> a:1
=> b:1
```

注意一个重点：forEach 和 forEachObject 函数都是高阶函数，它们使开发者专注于任务(通过传递相应的函数)，而抽象出遍历的部分！由于这些遍历函数被抽象出来了，我们能彻底地测试它们，并生成简洁的代码库。下面以抽象的方式实现对控制流程的处理。

为此，首先创建一个名为 unless 的函数。这是一个简单的函数，接收一个断言(值为 true 或 false)。如果 predicate 为 false，则调用 fn，如代码清单 3-6 所示。

代码清单 3-6 unless 函数定义

```
const unless = (predicate,fn) => {
```

```
    if(!predicate)
        fn()
}
```

有了unless函数,就可以编写一段简洁的代码来查找列表中的偶数。代码如下:

```
forEach([1,2,3,4,5,6,7],(number) => {
    unless((number % 2), () => {
        console.log(number, " is even")
    })
})
```

上面的代码被执行后将输出:

```
2 ' is even'
4 ' is even'
6 ' is even'
```

在上面的例子中，我们将从数组中获取偶数。如果要从 0~100 中获取偶数，该如何做呢？此处不能使用 forEach(当然，如果我们有一个[0,1,2,…,100]数组，就可以使用此函数)。下面来看另一个名为 times 的高阶函数。times 是一个简单的高阶函数，它接收一个数字，并根据调用者提供的次数调用传入的函数。times 函数如代码清单 3-7 所示。

代码清单 3-7　times 函数定义

```
const times = (times, fn) => {
  for (var i = 0; i < times; i++)
        fn(i);
}
```

times 函数与 forEach 函数类似，唯一不同的是，我们操作的是一个 Number，而不是一个 Array。有了 times 函数，我们就能解决手头的问题了，如下所示:

```
times(100, function(n) {
  unless(n % 2, function() {
    console.log(n, "is even");
  });
});
```

这将打印出我们期望的结果：

```
0 'is even'
2 'is even'
4 'is even'
6 'is even'
8 'is even'
10 'is even'
. . .
. . .
94 'is even'
96 'is even'
98 'is even'
```

用上面的代码抽象出循环，并将条件判断放在一个简明的高阶函数中。

看了一些高阶函数的例子，我们将在下一节讨论真实的高阶函数并学习如何创建它们。

注意：

我们在本章中创建的所有高阶函数都在分支 chap03 中。

3.3 实用的高阶函数

本节将讨论真实的高阶函数。我们将从简单的高阶函数开始，逐步引入复杂的高阶函数，这些函数是 JavaScript 开发者在日常工作中经常使用的。

注意：

我们引入闭包概念后，这些例子还会在后续章节被用到。大多数高阶函数都会与闭包一起使用。

3.3.1 every 函数

JavaScript 开发者经常需要检查数组的内容是否为一个数字、自定义对象或其他类型。我们通常编写典型的循环方法来解决这些问题。但是，下面将把这些方法抽象到一个名为 every 的函数中。它接收两个参数：一个数组和一个函数。它使用传入的函数检查数组的所有元素是否为 true。实现方法如代码清单 3-8 所示。

代码清单 3-8 every 函数定义

```
const every = (arr,fn) => {
  let result = true;
  for(let i=0;i<arr.length;i++)
    result = result && fn(arr[i])
  return result
}
```

此处简单地遍历传入的数组，并使用当前遍历的数组元素内容调用 fn。注意，传入的 fn 需要返回一个布尔值。然后，使用&&运算确保所有的数组内容都遵循 fn 给出的条件。

下面快速检验一下 every 函数能否运行良好。传入一个 NaN 数组，将 isNaN 作为 fn 传入，检查给定的数字是否为 NaN：

```
every([NaN, NaN, NaN], isNaN)
=> true
every([NaN, NaN, 4], isNaN)
=> false
```

every 函数是一个典型的高阶函数，实现简单并且非常有用！在继续学习之前，我们需要先熟悉一下 for...of 循环，它是 ES8 规范的一部分。for...of 循环可用于遍历数组元素。下面用 for...of 循环重写 every 函数(见代码清单 3-9)：

代码清单 3-9 使用 for...of 循环的 every 函数

```
const every = (arr,fn) => {
  let result = true;
  for(const value of arr)
```

```
    result = result && fn(value)
  return result
}
```

for...of 循环只是旧的 for 循环的抽象。如你所见，for...of 通过隐藏索引变量移除了对数组的遍历，等等。我们使用 every 抽象出了 for...of。这就是抽象。如果下一个版本的 JavaScript 改变了 for...of 的使用方式，该怎么办呢？只需要在 every 函数中进行相应的修改。这是抽象最大的好处之一。

3.3.2 some 函数

与 every 函数类似，还有一个名为 some 的函数。some 的工作方式与 every 恰好相反：如果数组中的一个元素通过传入的函数返回 true，some 函数就将返回 true。some 函数也被称为 any 函数。为实现 some 函数，需要使用||，而不是&&。如代码清单 3-10 所示。

代码清单 3-10 some 函数定义

```
const some = (arr,fn) => {
  let result = false;
  for(const value of arr)
    result = result || fn(value)
  return result
}
```

注意：

every 函数和 some 函数对于大数组而言都是低效的实现。every 函数应该在遇到第一个不匹配条件的元素时就停止遍历数组，some 函数应该在遇到第一个匹配条件的元素时就停止遍历数组。记住，本章旨在讲解高阶函数的概念，而不是编写高效精确的代码。

有了 some 函数，我们就可以通过传入如下数组来检验它的结果：

```
some([NaN,NaN, 4], isNaN)
=>true
some([3,4, 4], isNaN)
=>false
```

了解了 some 和 every 函数，下面来看 sort 函数以及高阶函数如何在其中扮演重要的角色。

3.3.3 sort 函数

sort 函数是 JavaScript 的 Array 原型的内置函数。假设我们需要给一个水果列表排序：

```
var fruit = ['cherries', 'apples', 'bananas'];
```

你可以简单地调用 sort 函数，它在 Array 原型中可用：

```
fruit.sort()
=> ["apples", "bananas", "cherries"]
```

就是这么简单。sort 函数是一个高阶函数，它接收一个函数作为参数，该函数可帮助 sort 函数决定排序逻辑。简言之，sort 函数的签名如下：

```
arr.sort([compareFunction])
```

此处 compareFunction 是可选的。如果我们不提供 compareFunction，元素将被转换为字符串并按 Unicode 编码点顺序排序。在本节中，不需要关心 Unicode 转换，因为我们的焦点在高阶函数上。此处的重点是，为了在排序时使用我们的逻辑比较元素，需要传入 compareFunction。你将发现，sort 函数被设计得如此灵活，我们只需要传入 compareFunction 函数，就可对任何 JavaScript 数据进行排序。sort 函数灵活的原因在于高阶函数的本质！

在编写 compareFunction 之前，先看看它实际上应该实现什么。compareFunction 应该实现下面的逻辑：https://developer.mozilla.org/en-US/docs/Web/JavaScript/Reference/Global_Objects/Array/sort。见代码清单 3-11。

代码清单 3-11 compare 函数的框架

```
function compare(a, b) {
  if (a is less than b by some ordering criterion) {
```

```
    return -1;
  }
  if (a is greater than b by the ordering criterion) {
    return 1;
  }
  // a 必须等于 b
  return 0;
}
```

举个简单的例子，假设我们有一个人员列表：

```
var people = [
   {firstname: "aaFirstName", lastname: "cclastName"},
   {firstname: "ccFirstName", lastname: "aalastName"},
   {firstname:"bbFirstName", lastname:"bblastName"}
];
```

现在需要使用对象中的 firstname 键对人员进行排序，以如下形式传入 compareFunction：

```
people.sort((a,b) => { return (a.firstname < b.firstname) ? -1 :
(a.firstname > b.firstname) ? 1 : 0 })
```

上面的代码将返回如下数据：

```
[ { firstname: 'aaFirstName', lastname: 'cclastName' },
  { firstname: 'bbFirstName', lastname: 'bblastName' },
  { firstname: 'ccFirstName', lastname: 'aalastName' } ]
```

根据 lastname 的排序如下：

```
people.sort((a,b) => { return (a.lastname < b.lastname) ? -1 :
(a.lastname > b.lastname) ? 1 : 0 })
```

它将返回：

```
[ { firstname: 'ccFirstName', lastname: 'aalastName' },
 { firstname: 'bbFirstName', lastname: 'bblastName' },
 { firstname: 'aaFirstName', lastname: 'cclastName' } ]
```

再次看一下 compareFunction 的逻辑：

```
function compare(a, b) {
 if (a is less than b by some ordering criterion) {
```

```
    return -1;
  }
  if (a is greater than b by the ordering criterion) {
    return 1;
  }
  // a 必须等于 b
  return 0;
}
```

了解了 compareFunction 的算法后，我们能做得更好些吗？与其每次编写 compareFunction，不如把上面的逻辑抽象到一个函数中去。如上面的例子所示，我们用几乎完全一样的代码编写了两个函数，分别用于比较 firstname 和 lastname。接下来要设计的函数不会以函数为参数，但是会返回一个函数。(记住，高阶函数也会返回一个函数。)

下面调用函数 sortBy，它允许用户基于传入的属性对对象数组进行排序，如代码清单 3-12 所示。

代码清单 3-12 sortBy 函数定义

```
const sortBy = (property) => {
  return (a,b) => {
    var result = (a[property] < b[property]) ? -1 :
    (a[property] > b[property]) ? 1 : 0;
    return result;
  }
}
```

sortBy 函数接收一个名为 property 的参数并返回一个接收两个参数的新函数：

```
. . .
    return (a,b) => { }
. . .
```

返回的函数有一个非常简单的函数体，并清晰地描述了 compareFunction 逻辑：

```
. . .
(a[property] < b[property]) ? -1 : (a[property] > b[property])
```

```
? 1 : 0;
...
```

假设我们使用属性名 firstname 调用函数，函数体将替换 property 参数，如下所示：

```
(a,b) => return (a['firstname'] < b['firstname']) ? -1 :
(a['firstname'] > b['firstname']) ? 1 : 0;
```

我们通过手动编写函数实现了想要的功能。sortBy 可以这样使用：

```
people.sort(sortBy("firstname"))
```

这将返回：

```
[ { firstname: 'aaFirstName', lastname: 'cclastName' },
  { firstname: 'bbFirstName', lastname: 'bblastName' },
  { firstname: 'ccFirstName', lastname: 'aalastName' } ]
```

根据 lastname 的排序如下：

```
people.sort(sortBy("lastname"))
```

返回：

```
[ { firstname: 'ccFirstName', lastname: 'aalastName' },
  { firstname: 'bbFirstName', lastname: 'bblastName' },
  { firstname: 'aaFirstName', lastname: 'cclastName' } ]
```

与前面一样！

真是太棒了！sort 函数接收 sortBy 函数返回的 compareFunction。目前有很多这样的高阶函数。我们再次抽象出了 compareFunction 背后的逻辑，使用户得以专注于真正的需求。要知道，高阶函数就是抽象！

但是，请在此处暂停片刻并思考一下 sortBy 函数。记住，sortBy 函数接收一个属性并返回另一个函数。返回的函数作为 compareFunction 传递给 sort 函数。此处的问题是：持有 property 参数值的返回函数是如何得来的？

欢迎来到闭包的世界！sortBy 函数之所以能运行，是因为 JavaScript 支持闭包。在继续编写高阶函数之前，我们需要清晰地理解什么是闭包。

闭包将是下一章的主题。

但请记住，下一章将解释闭包，然后介绍如何编写真实的高阶函数。

3.4 小结

本章从 JavaScript 支持的数据类型开始。我们发现函数也是一种 JavaScript 数据类型。因此，所有存储数据的地方都能存储函数。换句话说，函数能够被存储、传递，且能像 JavaScript 的其他数据类型一样被赋值。这种极端的 JavaScript 特性允许函数被传递给另一函数，我们称之为高阶函数。请记住，高阶函数是接收另一个函数作为参数或返回一个函数的函数。本章提供了少量的例子，从中可以看出，高阶函数的概念可帮助开发者编写代码，并将困难的部分抽象出来！我们已经创建并向代码库中添加了一些这样的函数！本章已临近尾声，最后，请注意：高阶函数的运行机制得益于 JavaScript 中的另一个重要概念——闭包。闭包将是第 4 章的主题。

第 4 章

闭包与高阶函数

上一章探讨了高阶函数如何抽象通用的问题。它是一个非常强大的概念。我们创建了 sortBy 高阶函数并展示了一个有效的相关用例。虽然 sortBy 函数基于高阶函数运行(再次涉及将函数作为参数传递给另一个函数的概念)，但它还与 JavaScript 中的另一个概念——闭包有关。

在继续函数式编程的旅程之前，我们需要理解 JavaScript 中的闭包概念。这正是本章的切入点。本章将详细讨论闭包的含义，同时继续教你编写真实有用的高阶函数。闭包的概念与 JavaScript 的作用域有关。下一节将从闭包开始展开讨论。

注意：

本章的示例和类库源代码在 chap04 分支。仓库的 URL 是 https://github. com/antoaravinth/functional-es8.git。

检出代码时，请检出 chap04 分支:

```
...
git checkout -b chap04 origin/chap04
...
```

为使代码运行起来，和前面一样，执行命令:

```
...
npm run playground
...
```

4.1 理解闭包

本节将用一个简单的例子来解释闭包的含义，并探讨 sortBy 函数是如何结合闭包工作的。

4.1.1 什么是闭包

简言之，闭包就是一个内部函数。那么，什么是内部函数呢？它是另一个函数内部的函数。比如：

```
function outer() {
  function inner() {
  }
}
```

这就是闭包。函数 inner 被称为闭包函数。闭包如此强大的原因在于它对作用域链(或作用域层级)的访问。本节将讨论作用域链。

注意：

作用域链和作用域层级含义相同，它们在本章中是可以互换的。

从技术上讲，闭包有 3 个可访问的作用域：

(1) 在它自身声明之内声明的变量。

(2) 对全局变量的访问。

(3) 对外部函数变量的访问(值得关注！)。

下面通过一个简单的例子分别讨论这 3 点。思考下面的代码片段：

```
function outer() {
  function inner() {
        let a = 5;
        console.log(a)
  }
  inner()//调用 inner 函数
}
```

当 inner 函数被调用时，控制台将输出什么？该值会是 5。主要原因是第(1)点。闭包函数可访问所有在其声明内部声明的变量，见第(1)点。此处不难理解！

注意：

在上面的代码片段中有一点需要格外留意：inner 函数在 outer 函数的外部是不可见的！你不妨去试一试。

现在将上面的代码片段修改为：

```
let global = "global"
function outer() {
  function inner() {
      let a = 5;
      console.log(global)
  }
  inner()//调用 inner 函数
}
```

现在，当 inner 函数被执行时，它将打印出变量 global。如此，闭包就能访问全局变量了见第(2)点。

通过例子，我们已经明白了第(1)点和第(2)点。第(3)点非常有趣，如下代码显示了声明：

```
let global = "global"
function outer() {
  let outer = "outer"
  function inner() {
        let a = 5;
        console.log(outer)
  }
  inner()//调用 inner 函数
}
```

现在，当 inner 函数被执行时，它将打印出变量 outer。这看起来是合理的，但却是一个非常重要的闭包属性。

闭包能够访问外部函数的变量。此处的外部函数是指包裹闭包函数的函数。该属性使闭包变得非常强大！

注意：

闭包可以访问外部函数的参数。不妨为 outer 函数添加一个参数并在 inner 函数中尝试访问它。我会等你做完这个小练习。

4.1.2 记住闭包生成的位置

上一节解释了什么是闭包。现在来看一个稍微复杂点的例子，它说明了闭包中的另一个重要概念：闭包可以记住它的上下文。

看看下面的代码：

```
var fn = (arg) => {
   let outer = "Visible"
   let innerFn = () => {
      console.log(outer)
      console.log(arg)
   }
   return innerFn
}
```

上面的代码很简单。innerFn 对于 fn 来说是一个闭包函数，并且 fn 被调用时返回了 innerFn。此处没什么特别的。

下面运行 fn：

```
var closureFn = fn(5);
closureFn()
```

上面的代码将打印出：

```
Visible
5
```

通过调用 closureFn，程序是如何在控制台中打印出 Visible 和 5 的？背后发生了什么？下面慢慢地分析。

该例子中发生了两件事情。

(1) 当下面一行代码被调用时：

```
var closureFn = fn(5);
```

fn 被参数 5 调用。如前面 fn 的定义，它返回了 innerFn。

(2) 此处有趣的事情发生了。当 innerFn 被返回时，JavaScript 执行引擎将 innerFn 视为一个闭包，并相应地设置了它的作用域。如上一节所述，闭包有 3 个作用域层级。这 3 个作用域层级(arg、outer 值将被设置到 innerFn 的作用域层级中)都是在 innerFn 返回时设置的！返回函数的引用存储在 closureFn 中。如此，closureFn 被我们通过作用域链调用时就记住了 arg、outer 值。

(3) 最后调用 closureFn 时：

```
closureFn()
```

它打印出：

```
Visible
5
```

现在你可能猜到了，closureFn 是在第(2)步中，当它被创建时记住其上下文(作用域，也就是 outer 和 arg)的！因此，调用 console.log 时才能正确地打印出结果。

你可能想知道，闭包的应用场景是什么？我们在 sortBy 函数中已经实战过了。下面快速回顾一下。

4.1.3　回顾 sortBy 函数

下面快速回顾一下在上一章中定义和使用的 sortBy 函数：

```
const sortBy = (property) => {
    return (a,b) => {
        var result = (a[property] < b[property]) ? -1 :
        (a[property] > b[property]) ? 1 : 0;
        return result;
    }
}
```

以如下方式调用 sortBy 函数时：

```
sortBy("firstname")
```

sortBy 函数返回了一个接收两个参数的新函数，如下所示：

```
(a,b) => { /* implementation */ }
```

现在我们已经熟悉了闭包并且知道返回函数能访问 sortBy 函数的参数 property。该函数只有在 sortBy 被调用时才会返回，而这时 property 参数会被替换为一个值；因此，返回函数将在其生命周期中持有该上下文：

```
// 通过闭包持有的作用域
property = "passedValue"
(a,b) => { /* implementation */ }
```

因为返回函数在它的上下文中持有 property 的值，所以它将在合适并且需要的时候使用返回值。有了这些说明，我们就可充分理解闭包和高阶函数了，它们让我们能够编写 sortBy 这样的函数，以抽象出内部的细节，并在函数式世界中继续前行！

本节要求我们掌握很多东西。下一节将继续介绍如何使用闭包和高阶函数编写抽象函数。

4.2 实用的高阶函数(续)

理解了闭包的概念，我们将实现一些真实有用的高阶函数。

4.2.1 tap 函数

我们将在函数式编程中处理很多函数，因此需要一种调试方式。如上一章所述，我们设计了接收参数并返回另一个函数的函数，而该函数又接收一些参数，诸如此类。

下面设计一个名为 tap 的简单函数：

```
const tap = (value) =>
  (fn) => (
    typeof(fn) === 'function' && fn(value),
    console.log(value)
  )
```

此处 tap 函数接收一个 value 并返回一个包含 value 的闭包函数，该函数将被执行。

注意：

在 JavaScript 中，(exp1, exp2)的含义是：它将执行两个参数并返回第 2 个表达式(即 exp2)的结果。在上面的例子中，程序会根据语法调用函数 fn，也会将 value 打印到控制台。

下面运行 tap 函数：

```
tap("fun")((it) => console.log("value is ",it))
=>value is fun
=>fun
```

如上面的例子所示，value is fun 被打印了，然后 fun 也被打印了。这看起来简单又直接。

那么 tap 函数可被用于何处？假设你遍历了一个来自服务器的数组，并发现数据错了。因此你想调试一下，并看看数组究竟包含了什么。你会如何做？这正是使用 tap 函数的地方。对于当前场景，可以这样做：

```
forEach([1,2,3], (a) =>
  tap(a)(() =>
    {
        console.log(a)
    }
  )
)
```

这打印出了我们期望的值。在工具箱中，tap 函数是一个简单而强大的函数。

4.2.2 unary 函数

Array 原型中有一个名为 map 的默认方法。不必担心，下一章将探索很多数组的函数式函数，也将介绍如何创建自己的 map。就目前而言，map 是一个与已经定义的 forEach 函数非常相似的函数。唯一的区别是，map 将返回回调函数的结果。

为了理解其中的要点，我们假设要使一个数组翻倍并得到结果。可使用 map 函数以如下方式实现：

```
[1, 2, 3].map((a) => { return a * a })
=>[1, 4, 9]
```

此处有趣的地方是，map 用 3 个参数调用了函数，这些参数分别是 element、index 和 arr。假设我们要把字符串数组解析为整数数组。我们有一个名为 parseInt 的内置函数，它接收两个参数(parse 和 radix)，如果可能，该函数会把传入的 parse 转换为数字。如果我们把 parseInt 传给 map 函数，map 会把 index 的值传给 parseInt 的 radix 参数，这将产生意想不到的行为。

```
['1', '2', '3'].map(parseInt)
=>[1, NaN, NaN]
```

从上面的结果可以看到，数组[1, NaN, NaN]不是我们期望的。我们需要把 parseInt 函数转换为另一个只接收一个参数的函数。如何才能做到这一点？下面介绍一下 unary 函数。它的任务是接收一个给定的多参数函数，并把该函数转换为一个只接收一个参数的函数。

unary 函数如下所示：

```
const unary = (fn) =>
  fn.length === 1
    ? fn
    : (arg) => fn(arg)
```

我们检查传入的 fn 是否有一个长度为 1 的参数列表(可通过 length 属性查看)。如果有，就什么也不做。如果没有，就返回一个只接收一个参数(arg)的新函数，并用该参数调用 fn。

为了看到 unary 函数的实际效果，可用 unary 重新运行我们的问题：

```
['1', '2', '3'].map(unary(parseInt))
=>[1, 2, 3]
```

此处 unary 函数返回了一个新函数(parseInt 的克隆体)，它只接收一个参数！如此，map 函数传入的 index、arr 参数就不会对程序产生影响，因此我们得到了期望的结果。

注意：

也有像 binary 这样的函数，它们转换函数，使其接收相应的参数。

下面两个要出场的函数是特别的高阶函数，能让开发者控制函数被调用的次数。它们有很多真实的应用场景。

4.2.3　once 函数

在很多情况下，对于给定的函数，我们只需要运行一次。这种情况在 JavaScript 开发者的日常工作中经常发生，因为他们对第三方库的设置，对支付设置的初始化，对银行支付的请求，等等，都只需要进行一次。这些是开发者面对的常见情况。

本节将介绍如何编写一个名为 once 的高阶函数。对于给定的函数，once 允许开发者只运行一次。此处需要再次注意的是，我们要继续把日常工作抽象到函数式工具箱中。

```
const once = (fn) => {
  let done = false;

  return function () {
    return done ? undefined : ((done = true), fn.apply(this,
    arguments))
  }

}
```

上面的 once 函数接收参数 fn 并通过调用 apply 方法返回结果(注意，随后将介绍 apply 方法)。此处要注意的重点是，我们声明了一个名为 done 的变量，初始值为 false。返回的函数会形成一个覆盖它的闭包作用域。因此，返回的函数会访问并检查 done 是否为 true，如果是，则返回 undefined，否则将 done 设为 true(如此就阻止了下一次执行)，并用必要的参数调用函数 fn。

注意：

apply 函数允许设置函数的上下文，并为给定的函数传递参数。详情请访问 https://developer.mozilla.org/en-US/docs/Web/JavaScript/Reference/Global_Objects/Function/apply。

有了 once 函数，下面快速检验一下它：

```
var doPayment = once(() => {
   console.log("Payment is done")
})

doPayment()
=>Payment is done

// 我们不小心执行了第二次!
doPayment()
=>undefined!
```

上面的代码片段展示了被 once 包裹的函数 doPayment。不管被调用多少次，它只会执行一次！在工具箱中，once 是一个简单但有效的函数。

4.2.4 memoized 函数

在结束这个令人激动的小节前，先看看函数 memoized。我们知道纯函数只依赖它的参数运行。它们不依赖外部环境。纯函数的结果完全依赖它的参数。假设有一个名为 factorial 的纯函数，它计算给定数字的阶乘。该函数如下：

```
var factorial = (n) => {
  if (n === 0) {
    return 1;
  }

  // 这是递归!
  return n * factorial(n - 1);
}
```

可用几个输入快速检验一下 factorial 函数：

```
factorial(2)
```

```
=>2
factorial(3)
=>6
```

此处没什么特别的。我们知道 2 的阶乘是 2，而 3 的阶乘是 6，以此类推。但这主要是因为我们知道 factorial 函数只依赖它的参数执行，其他什么也不需要！因此，问题出现了：为什么不能为每一个输入(如某种对象)存储结果呢？如果输入已经在对象中出现，为什么不能直接给出结果呢？为了计算 3 的阶乘，就需要计算 2 的阶乘，为什么不能重用函数中的计算结果呢？是的，这就是 memoized 函数要做的事情。memoized 函数是一个特别的高阶函数，它使函数能够记住其计算结果。

下面看看如何在 JavaScript 中实现这样的函数。代码非常简单，如下所示：

```
const memoized = (fn) => {
  const lookupTable = {};

  return (arg) => lookupTable[arg] || (lookupTable[arg] =
  fn(arg));
}
```

上面的函数中有一个名为 lookupTable 的局部变量，它在返回函数的闭包上下文中。返回函数将接收一个参数并检查它是否在 lookupTable 中：

```
. . lookupTable[arg] . .
```

如果在，则返回对应的值；否则，将新的输入用作 key，将 fn 的结果用作 value，更新 lookupTable 对象。

```
(lookupTable[arg] = fn(arg))
```

现在可以把 factorial 函数包裹进一个 memoized 函数来保留它的输出了：

```
let fastFactorial = memoized((n) => {
  if (n === 0) {
    return 1;
  }
```

```
  // 这是递归!
  return n * fastFactorial(n - 1);
})
```

现在调用 fastFactorial：

```
fastFactorial(5)
=>120
=>lookupTable will be like: Object {0: 1, 1: 1, 2: 2, 3: 6,
4: 24, 5: 120}
fastFactorial(3)
=>6 // 从 lookupTable 中返回
fastFactorial(7)
=> 5040
=>lookupTable will be like: Object {0: 1, 1: 1, 2: 2, 3: 6,
4: 24, 5: 120, 6: 720, 7: 5040}
```

它以同样的方式运行，但是比之前快得多。当运行 fastFactorial 时，我们希望你去检查 lookupTable 对象，并了解它是如何帮助程序提速的，如上面的代码片段所示。这就是高阶函数之美——闭包和纯函数的实战！

注意：

memoized 函数用于只接收一个参数的函数。你能提出一个用于多参数函数的解决方案吗？

我们已经把很多通用的问题抽象到高阶函数中，以便优雅而轻松地编写解决方案。

4.2.5 assign 函数

JavaScript(JS)对象是可变的，这意味着对象的状态可在创建后更改。通常，你会遇到必须合并对象以形成新对象的情况。考虑以下对象：

```
var a = { name: "srikanth" };
var b = { age: 30 };
var c = { sex: 'M' };
```

如果我们想合并所有对象来创建一个新对象，该怎么办呢？下面继续编写相关函数。

```
function objectAssign(target, source) {
   var to = {};
   for (var i = 0; i < arguments.length; i += 1) {
     var from = arguments[i];
     var keys = Object.keys(from);
     for (var j = 0; j < keys.length; j += 1) {
       to[keys[j]] = from[keys[j]];
     }
   }
   return to;
}
```

arguments 是每个 JS 函数都可用的特殊变量。JS 函数允许给函数发送任意数量的参数，这意味着如果函数用 2 个参数声明，JS 就允许发送 2 个以上的参数。Object.keys 是一个内置的方法，它提供每个对象的属性名，在本例中，即姓名(name)、年龄(age)和性别(sex)。下面的用法显示了如何将任意数量的 JS 对象合并为一个对象。

```
var customObjectAssign = objectAssign(a, b, c);
//prints { name: 'srikanth', age: 30, sex: 'M' }
```

然而，如果遵循 ES6 标准，可能就不需要编写新函数了。下面的函数可做同样的事情。

```
// ES6 Object.Assign
var nativeObjectAssign = Object.assign(a, b, c);
//prints { name: 'srikanth', age: 30, sex: 'M' }
```

注意，使用 Object.assign 合并对象 a、b 和 c 时，对象 a 被改变了。这在自定义实现中不会发生。这是因为对象 a 被认为是合并的目标对象。因为对象是可变的，所以现在相应地更新了 a。如果你需要上述行为，可以这样做：

```
var nativeObjectAssign = Object.assign({}, a, b, c);
```

对象 a 将保持前面的用法，因为所有对象都合并到一个空对象中。

下面展示 ES6 新添加的另一个对象：Object.entries。假设有这样一个对象：

```
var book = {
   "id": 111,
   "title": "C# 6.0",
   "author": "ANDREW TROELSEN",
   "rating": [4.7],
   "reviews": [{good : 4 , excellent : 12}] };
```

如果你只对 title 属性感兴趣，下面的函数可帮助你将该属性转换为字符串数组。

```
console.log(Object.entries(book)[1]);
//打印 Array ["title", "C# 6.0"]
```

如果不想升级到 ES6，但又想获取对象条目，该怎么办？唯一的方法是实现一个功能相同的方法，如前所述。准备好迎接挑战了吗？如果是，这里把它留作练习。

现在，我们已经将许多常见问题抽象为高阶函数，以轻松地写出优雅的解决方案。

4.3 小结

本章的起始部分列出了一组问题，探讨了函数能看到什么的话题。通过构造几个小例子，本章阐释了闭包是如何使函数记住声明处的上下文的。有了这层理解，我们实现了一些 JavaScript 编程中常见的高阶函数。至此，我们了解了如何把通用的问题抽象到一个特别的函数中并重用它们。现在，我们理解了闭包、高阶函数、抽象和纯函数的重要性。下一章将继续介绍如何构建高阶函数，但关注点将转向数组。

第5章

数组的函数式编程

欢迎来到关于数组和对象的一章。本章将继续探索对数组有用的高阶函数。

在 JavaScript 编程中，数组用于遍历。我们用数组来存储、操作和查找数据，以及转换(投影)数据格式。在本章中，我们将运用目前所学的函数式编程技术来改进这些操作。

我们将创建一组用于数组的函数，并用函数式的方法(而非命令式的方法)解决常见的问题。本章中创建的函数可能在数组或对象的原型中，也可能不在。建议通过这些函数理解其中的运行机制，我们的目的不是覆盖原生方法。

注意：

本章的示例和类库源代码在 chap05 分支。仓库的 URL 是 https://github. com/antoaravinth/functional-es8.git。

检出代码时，请检出 chap05 分支：

```
...
git checkout -b chap05 origin/chap05
...
```

为使代码运行起来，和前面一样，执行命令：

```
...
```

```
npm run playground
...
```

5.1 数组的函数式方法

本节将教你创建一组有用的函数，并通过它们解决常见的数组问题。

注意：

本节教你创建的所有函数被称为投影函数(projecting function)。把函数应用于一个数组并创建一个新数组(一组新值)的过程被称为投影。不必担心这个术语，当看到第一个投影函数 map 时，你就理解了。

5.1.1 map

我们已经了解了如何通过 forEach 遍历数组。forEach 是一个高阶函数，它会遍历给定的数组并以当前索引为参数调用传入的函数。forEach 隐藏了遍历的通用问题。但是我们不能在所有情况下都使用 forEach。

假设我们想求出一个数组中所有内容的平方并在一个新的数组中返回结果。如何通过 forEach 实现？不能使用 forEach 返回数据，因为它只能执行传入的函数。此处需要用上第一个投影函数 map。

实现 map 是一项简单而直接的任务，因为我们已经知道了 forEach 的实现，如代码清单 5-1 所示。

代码清单 5-1　forEach 函数定义

```
const forEach = (array,fn) => {
  for(const value of arr)
    fn(value)
}
```

map 函数的实现如代码清单 5-2 所示。

代码清单 5-2　map 函数定义

```
const map = (array,fn) => {
   let results = []
   for(const value of array)
      results.push(fn(value))
   return results;
}
```

map 的实现与 forEach 非常相似，区别只是此处用一个新的数组捕获了结果，比如：

```
. . .
   let results = []
. . .
```

此处从函数中返回了结果。现在是讨论投影函数的时候了。前面提到过，map 函数是一个投影函数。为什么如此称呼它？原因非常简单：因为 map 返回给定函数转换后的值，所以这里称之为投影函数。当然，少数人的确称 map 为转换函数。但是，我们坚持使用投影这个词。

下面用代码清单 5-2 定义的 map 函数来解决对数组内容求平方的问题。

```
map([1,2,3], (x) => x * x)
=>[1,4,9]
```

如上面的代码所示，我们简单而优雅地完成了任务。由于要创建很多特别的数组函数，我们将把所有的函数封装到一个名为 arrayUtils 的常量中并导出。如代码清单 5-3 所示。

代码清单 5-3　把函数封装到 arrayUtils 对象中

```
// 代码清单 5-2 的 map 函数
const map = (array,fn) => {
  let results = []
  for(const value of array)
     results.push(fn(value))
  return results;
}
```

```
const arrayUtils = {
  map : map
}
export {arrayUtils}
// 另一个文件
import arrayUtils from 'lib'
arrayUtils.map // 使用 map
// 或者
const map = arrayUtils.map
// 如此可以直接调用 map
```

注意：

在上面的代码中，为了清晰起见，我们称之为 map，而不是 arrayUtils.map。

为了让本章的例子更具实用性，我们要构建一个对象数组，如代码清单 5-4 所示。

代码清单 5-4　描述图书详情的 apressBooks 对象

```
let apressBooks = [
    {
        "id": 111,
        "title": "C# 6.0",
        "author": "ANDREW TROELSEN",
        "rating": [4.7],
        "reviews": [{good : 4 , excellent : 12}]
    },
    {
        "id": 222,
        "title": "Efficient Learning Machines",
        "author": "Rahul Khanna",
        "rating": [4.5],
        "reviews": []
    },
    {
        "id": 333,
        "title": "Pro AngularJS",
        "author": "Adam Freeman",
        "rating": [4.0],
```

```
        "reviews": []
    },
    {
        "id": 444,
        "title": "Pro ASP.NET",
        "author": "Adam Freeman",
        "rating": [4.2],
        "reviews": [{good : 14 , excellent : 12}]
    }
];
```

注意：

该数组包含 Apress 出版社发行的真实书名。但 review 键值是我自己定义的。

本章中创建的所有函数都将基于该对象数组运行。假设我们需要获取该对象数组，但它只需要包含 title 和 author 字段。如何通过 map 函数完成此目标？你有解决方案吗？

使用 map 函数的解决方案非常简单，比如：

```
map(apressBooks,(book) => {
    return {title: book.title,author:book.author}
})
```

这将返回我们期望的结果。返回数组中的对象只包含两个属性：一个是 title，另一个是 author。正如函数中指定的那样：

```
[ { title: 'C# 6.0', author: 'ANDREW TROELSEN' },
  { title: 'Efficient Learning Machines', author: 'Rahul Khanna' },
  { title: 'Pro AngularJS', author: 'Adam Freeman' },
  { title: 'Pro ASP.NET', author: 'Adam Freeman' } ]
```

我们并非总是只想把所有数组内容转换为一个新数组。有时候，我们想过滤数组的内容，然后进行转换。下面介绍一个名为 filter 的函数。

5.1.2 filter

假设我们想获取评分高于 4.5 的图书列表，应如何完成呢？这显然不是 map 能够解决的问题。但是我们需要一个类似于 map 的函数，它只需要在把结果放入数组前检查一个条件。

因此，再看一下 map 函数(见代码清单 5-2)：

```
const map = (array,fn) => {
  let results = []
  for(const value of array)
    results.push(fn(value))

  return results;
}
```

此处需要进行条件检查或断言：

```
. . .
    results.push(fn(value))
. . .
```

把该操作放入一个名为 filter 的独立函数中，如代码清单 5-5 所示。

代码清单 5-5　filter 函数定义

```
const filter = (array,fn) => {
  let results = []
  for(const value of array)
    (fn(value)) ? results.push(value) : undefined

  return results;
}
```

有了 filter 函数，我们就能以如下方式解决手头的问题了：

```
filter(apressBooks, (book) => book.rating[0] > 4.5)
```

这将返回期望的结果：

```
[ { id: 111,
    title: 'C# 6.0',
    author: 'ANDREW TROELSEN',
```

```
    rating: [ 4.7 ],
    reviews: [ [Object] ] } ]
```

我们在使用高阶函数持续地改进处理数组的方式。在继续探索下一个数组函数之前，我们将了解如何连接投影函数(map，filter)，以便在复杂的环境下获得期望的结果。

5.2 连接操作

为了达成目标，我们经常需要连接一些函数。例如，假设要从 apressBooks 中获取含有 title 和 author 对象且评分高于 4.5 的对象。解决该问题的初始想法是使用 map 和 filter，代码如下：

```
let goodRatingBooks =
  filter(apressBooks, (book) => book.rating[0] > 4.5)

map(goodRatingBooks,(book) => {
        return {title: book.title,author:book.author}
})
```

这将返回期望的结果：

```
[ {
        title: 'C# 6.0',
    author: 'ANDREW TROELSEN'
    }
]
```

此处要注意的重点是，map 和 filter 都是投影函数。它们总是对数组应用转换操作(通过传入高阶函数)，然后返回数据。因此，我们能够连接 filter 和 map(顺序很重要)来完成任务(不需要额外变量，比如 goodRatingBooks)：

```
map(filter(apressBooks, (book) => book.rating[0] > 4.5),(book)
=> {
    return {title: book.title,author:book.author}
})
```

上面的代码在字面上描述了我们正在解决的问题："map 过滤后的数组(评分高于 4.5)并返回带有 title 和 author 字段的对象。"根据 map 和 filter 的特性，我们抽象出了数组的细节并专注于问题本身。

后续小节将介绍连接方法的例子。

注意：

后续章节将介绍如何通过函数组合来完成同样的事情。

---

concatAll

下面对 apressBooks 对象稍作修改，得到如代码清单 5-6 所示的数据结构。

代码清单 5-6　包含图书详情的升级后的 apressBooks 对象

```
let apressBooks = [
  {
    name : "beginners",
    bookDetails : [
        {
            "id": 111,
            "title": "C# 6.0",
            "author": "ANDREW TROELSEN",
            "rating": [4.7],
            "reviews": [{good : 4 ,
            excellent : 12}]
        },
        {
            "id": 222,
            "title": "Efficient Learning
            Machines",
            "author": "Rahul Khanna",
            "rating": [4.5],
            "reviews": []
        }
    ]
  },
  {
```

```
    name : "pro",
    bookDetails : [
            {
               "id": 333,
               "title": "Pro AngularJS",
               "author": "Adam Freeman",
               "rating": [4.0],
               "reviews": []
            },
            {
               "id": 444,
               "title": "Pro ASP.NET",
               "author": "Adam Freeman",
               "rating": [4.2],
               "reviews": [{good : 14 ,
               excellent : 12}]
            }
        ]
    }
];
```

现在回顾上一节的问题：获取含有 title 和 author 字段且评分高于 4.5 的图书。首先使用 map 函数：

```
map(apressBooks,(book) => {
   return book.bookDetails
})
```

这将返回：

```
[ [ { id: 111,
    title: 'C# 6.0',
    author: 'ANDREW TROELSEN',
    rating: [Object],
    reviews: [Object] },
  { id: 222,
    title: 'Efficient Learning Machines',
    author: 'Rahul Khanna',
    rating: [Object],
    reviews: [] } ],
[ { id: 333,
```

```
    title: 'Pro AngularJS',
    author: 'Adam Freeman',
    rating: [Object],
    reviews: [] },
  { id: 444,
    title: 'Pro ASP.NET',
    author: 'Adam Freeman',
    rating: [Object],
    reviews: [Object] } ] ]
```

如你所见，map 函数返回的数据包含数组中的数组。因为 bookDetails 本身就是一个数组。如果把上面的数据传给 filter，我们将会遇到问题，因为 filter 不能在嵌套数组上运行。

此处就是 concatAll 函数发挥作用的地方。concatAll 函数的任务很简单：把所有嵌套数组连接到一个数组中。我们也可将 concatAll 称为 flatten 方法。concatAll 的实现如代码清单 5-7 所示。

代码清单 5-7 concatAll 函数定义

```
const concatAll = (array,fn) => {
  let results = []
  for(const value of array)
    results.push.apply(results, value);

  return results;
}
```

此处只是在遍历的时候通过 push 把内部数组保存到结果数组中。

注意：

这里使用了 JavaScript 函数的 apply 方法，将 push 的上下文设置为 result，并把当前遍历的索引(value)作为参数传入。

---

concatAll 旨在将嵌套数组转换为非嵌套的单一数组。下面的代码解释了这个概念。

```
concatAll(
    map(apressBooks,(book) => {
        return book.bookDetails
```

```
    })
)
```

这将返回期望的结果：

```
[ { id: 111,
  title: 'C# 6.0',
  author: 'ANDREW TROELSEN',
  rating: [ 4.7 ],
  reviews: [ [Object] ] },
{ id: 222,
  title: 'Efficient Learning Machines',
  author: 'Rahul Khanna',
  rating: [ 4.5 ],
  reviews: [] },
{ id: 333,
  title: 'Pro AngularJS',
  author: 'Adam Freeman',
  rating: [ 4 ],
  reviews: [] },
{ id: 444,
  title: 'Pro ASP.NET',
  author: 'Adam Freeman',
  rating: [ 4.2 ],
  reviews: [ [Object] ] } ]
```

现在可以继续使用 filter，比如：

```
let goodRatingCriteria = (book) => book.rating[0] > 4.5;
filter(
    concatAll(
        map(apressBooks,(book) => {
            return book.bookDetails
        })
    )
,goodRatingCriteria)
```

上面的代码将返回期望的值：

```
[ { id: 111,
  title: 'C# 6.0',
  author: 'ANDREW TROELSEN',
```

```
  rating: [ 4.7 ],
  reviews: [ [Object] ] } ]
```

我们看到，通过设计数组的高阶函数，可以优雅地解决很多问题。到目前为止，我们做得很好。后续小节还将介绍一些关于数组的函数。

5.3 reduce 函数

谈到函数式编程，你会经常听到 reduce 函数这个术语。它们是什么？为什么它们这么有用？reduce 是一个美妙的函数，旨在展现 JavaScript 的闭包能力。本节将介绍 reduce 数组的用途。

reduce

为了了解 reduce 函数的实例及其用途，下面看一个数组求和的问题。假设有一个数组：

```
let useless = [2,5,6,1,10]
```

如果需要对上面的数组求和，应如何实现呢？一个简单的解决方案是：

```
let result = 0;
forEach(useless,(value) => {
  result = result + value;
})
console.log(result)
=> 24
```

对于上面的问题，可将数组(包含一些数据)归约为单一的值。我们从一个简单的累加器(在该例子中名为 result)开始，在遍历数组的时候使用它存储求和结果。注意，在求和的情况下，将 result 值设为默认值 0。但是，如果需要求给定数组中所有元素的乘积，该如何做？这种情况下，要把 result 值设置为 1。这种设置累加器并遍历数组(记住累加器的上一个值)以生成单一元素的过程被称为归约数组。

既然要对所有数组重复上面的过程——归约操作，那么为什么不把它抽象到一个函数中呢？你可以做到。这就是 reduce 函数的作用。reduce 函数的实现如代码清单 5-8 所示。

代码清单 5-8　reduce 函数的第一个实现

```
const reduce = (array,fn) => {
    let accumlator = 0;
    for(const value of array)
        accumlator = fn(accumlator,value)

    return [accumlator]
}
```

有了 reduce 函数，我们就能通过它解决求和问题，比如：

```
reduce(useless,(acc,val) => acc + val)
=>[24]
```

太棒了。但是，如果我们需要求给定数组的乘积，情况会如何呢？reduce 函数将会执行失败，这主要是因为累加器的值被设置为 0，所以乘积的结果也是 0。

```
reduce(useless,(acc,val) => acc * val)
=>[0]
```

可通过重写代码清单 5-8 的 reduce 函数来解决该问题，它接收一个为累加器设置初始值的参数。见代码清单 5-9。

代码清单 5-9　reduce 函数的最终实现

```
const reduce = (array,fn,initialValue) => {
    let accumlator;

    if(initialValue != undefined)
        accumlator = initialValue;
    else
        accumlator = array[0];

    if(initialValue === undefined)
        for(let i=1;i<array.length;i++)
            accumlator = fn(accumlator,array[i])
    else
```

```
        for(const value of array)
        accumlator = fn(accumlator,value)
    return [accumlator]
}
```

修改 reduce 函数，如果没有传递 initialValue，该函数将以数组的第一个元素作为累加器的值。

注意：

看看这两个循环语句。当 initialValue 未定义时，我们需要从第二个元素开始循环数组，因为累加器的第一个值将被用作初始值。如果 initialValue 由调用者传入，我们就需要遍历整个数组。

现在尝试通过 reduce 函数解决乘积问题：

```
reduce(useless,(acc,val) => acc * val,1)
=>[600]
```

接下来在 apressBooks 中使用 reduce。为了便于参考，此处展示了 apressBooks(更新于代码清单 5-6)：

```
let apressBooks = [
    {
        name : "beginners",
        bookDetails : [
            {
                "id": 111,
                "title": "C# 6.0",
                "author": "ANDREW TROELSEN",
                "rating": [4.7],
                "reviews": [{good : 4 ,
                excellent : 12}]
            },
            {
                "id": 222,
                "title": "Efficient Learning
                Machines",
                "author": "Rahul Khanna",
                "rating": [4.5],
                "reviews": []
```

```
            }
        ]
    },
    {
        name : "pro",
        bookDetails : [
            {
                "id": 333,
                "title": "Pro AngularJS",
                "author": "Adam Freeman",
                "rating": [4.0],
                "reviews": []
            },
            {
                "id": 444,
                "title": "Pro ASP.NET",
                "author": "Adam Freeman",
                "rating": [4.2],
                "reviews": [{good : 14 ,
                excellent : 12}]
            }
        ]
    }
];
```

有一天，老板让你实现此逻辑：从 apressBooks 中统计 good 和 excellent 评价的数量。你想到，该问题正好可用 reduce 函数轻松地解决。记住，apressBooks 包含数组中的数组(如上一节所述)。因此，需要使用 concatAll 把它转换为一个扁平的数组。既然 reviews 是 bookDetails 的一部分，就不必命名一个 key，只需要用 map 取出 bookDetails 并用 concatAll 连接，如下所示：

```
concatAll(
    map(apressBooks,(book) => {
        return book.bookDetails
    })
)
```

现在用 reduce 解决该问题：

```
let bookDetails = concatAll(
    map(apressBooks,(book) => {
        return book.bookDetails
    })
)

reduce(bookDetails,(acc,bookDetail) => {
    let goodReviews = bookDetail.reviews[0] != undefined ?
    bookDetail.reviews[0].good : 0
    let excellentReviews = bookDetail.reviews[0] !=
    undefined ? bookDetail.reviews[0].excellent : 0
    return {good: acc.good + goodReviews,excellent :
    acc.excellent + excellentReviews}
},{good:0,excellent:0})
```

这将返回如下结果：

```
[ { good: 18, excellent: 24 } ]
```

现在，让我们分析一下 reduce 函数，看看这一切是如何发生的。首先需要注意，我们传入了一个累加器初始值：

```
{good:0,excellent:0}
```

在 reduce 函数体中获取 good 和 excellent 的评价详情(从 bookDetails 对象中)，并将其存储在相应的变量中，名为 goodReviews 和 excellentReviews。

```
let goodReviews = bookDetail.reviews[0] != undefined ?
bookDetail.reviews[0].good : 0
let excellentReviews = bookDetail.reviews[0] != undefined ?
bookDetail.reviews[0].excellent : 0
```

可基于上面的代码跟踪 reduce 函数的调用轨迹，以便更好地理解发生了什么。第一次遍历时，goodReviews 和 excellentReviews 的值是：

```
goodReviews = 4
excellentReviews = 12
```

累加器的值是：

```
{good:0,excellent:0}
```

这是因为我们传入了初始值。一旦 reduce 函数执行了下面一行：

```
  return {good: acc.good + goodReviews,excellent : acc.
excellent + excellentReviews}
```

内部累加器的值就会变为：

```
{good:4,excellent:12}
```

至此，我们完成了第一次数组遍历。在第二次和第三次遍历中，没有 reviews。因此，goodReviews 和 excellentReviews 将会是 0，但累加器的值不会受到影响，依旧为：

```
{good:4,excellent:12}
```

在最后的第四次遍历中，我们得到了goodReviews和excellentReviews：

```
goodReviews = 14
excellentReviews = 12
```

累加器的值是：

```
{good:4,excellent:12}
```

当我们执行这一行时：

```
return {good: acc.good + goodReviews,excellent : acc.excellent +
excellentReviews}
```

累加器的值变为：

```
{good:18,excellent:28}
```

由于我们遍历了所有的数组内容，最终的累加器值将会作为结果返回！

如你所见，在上面的过程中，我们把内部的细节抽象到高阶函数中，产生了优雅的代码！在结束本章前，让我们实现另一个有用的函数——zip。

5.4 zip 数组

事情并非总是如你所愿。我们在 apressBooks 的 bookDetails 中获取了 reviews，并能轻松地操作它。但是类似于 apressBooks 的数据可能来自服务器，而 reviews 之类的数据作为一个单独的数组返回，它并不是嵌入式的数据，如代码清单 5-10 所示。代码清单 5-11 则表明，reviewDetails 对象包含图书的评价详情。

代码清单 5-10　分割的 apressBooks 对象

```
let apressBooks = [
   {
      name : "beginners",
      bookDetails : [
         {
            "id": 111,
            "title": "C# 6.0",
            "author": "ANDREW TROELSEN",
            "rating": [4.7]
         },
         {
            "id": 222,
            "title": "Efficient Learning
            Machines",
            "author": "Rahul Khanna",
            "rating": [4.5],
            "reviews": []
         }
      ]
   },
   {
      name : "pro",
      bookDetails : [
         {
            "id": 333,
            "title": "Pro AngularJS",
            "author": "Adam Freeman",
```

```
                "rating": [4.0],
                "reviews": []
            },
            {
                "id": 444,
                "title": "Pro ASP.NET",
                "author": "Adam Freeman",
                "rating": [4.2]
            }
        ]
    }
];
```

代码清单 5-11　reviewDetails 对象包含图书的评价详情

```
let reviewDetails = [
    {
        "id": 111,
        "reviews": [{good : 4 , excellent : 12}]
    },
    {
        "id" : 222,
        "reviews" : []
    },
    {
        "id" : 333,
        "reviews" : []
    },
    {
        "id" : 444,
        "reviews": [{good : 14 , excellent : 12}]
    }
]
```

在代码清单 5-11 所示的代码片段中，reviews 被填充到一个单独的数组中，它们与书的 id 相匹配。这是数据被分离到不同部分的典型例子。但是要如何处理这些分割的数据呢？

zip 函数

zip 函数的任务是合并两个给定的数组。就本例而言，需要把 apressBooks 和 reviewDetails 合并到一个单独的数组中，以便在单一的树下获得所有必需的数据。

zip 的实现如代码清单 5-12 所示。

代码清单 5-12　zip 函数定义

```
const zip = (leftArr,rightArr,fn) => {
   let index, results = [];

   for(index = 0;index < Math.min(leftArr.length,
   rightArr.length);index++)
      results.push(fn(leftArr[index],rightArr[index]));

   return results;
}
```

zip 是一个非常简单的函数，只需要遍历两个给定的数组。由于此处要处理两个数组详情，我们需要用 Math.min 获取它们的最小长度：

```
. . .
Math.min(leftArr.length, rightArr.length)
. . .
```

获得了最小长度后，可用当前的 leftArr 值和 rightArr 值调用传入的高阶函数 fn。

如果要把两个数组的内容相加，可用如下方式使用 zip：

```
zip([1,2,3],[4,5,6],(x,y) => x+y)
=> [5,7,9]
```

现在解决上一节已经解决的问题：统计 Apress 出版物的 good 和 excellent 评价的总数。因为数据已被分割到两个不同的结构中，所以可用 zip 来解决当前的问题：

```
//与前面一样
//获取 bookDetails
let bookDetails = concatAll(
```

```
    map(apressBooks,(book) => {
        return book.bookDetails
    })
)

//合并结果
let mergedBookDetails = zip(bookDetails,reviewDetails,
(book,review) => {
  if(book.id === review.id)
  {
    let clone = Object.assign({},book)
    clone.ratings = review
    return clone
  }
})
```

下面分析一下 zip 函数内发生了什么。zip 函数的结果与之前的数据结构(准确地说，是 mergedBookDetails)一样：

```
[ { id: 111,
    title: 'C# 6.0',
    author: 'ANDREW TROELSEN',
    rating: [ 4.7 ],
    ratings: { id: 111, reviews: [Object] } },
  { id: 222,
    title: 'Efficient Learning Machines',
    author: 'Rahul Khanna',
    rating: [ 4.5 ],
    reviews: [],
    ratings: { id: 222, reviews: [] } },
  { id: 333,
    title: 'Pro AngularJS',
    author: 'Adam Freeman',
    rating: [ 4 ],
    reviews: [],
    ratings: { id: 333, reviews: [] } },
  { id: 444,
    title: 'Pro ASP.NET',
    author: 'Adam Freeman',
    rating: [ 4.2 ],
    ratings: { id: 444, reviews: [Object] } } ]
```

得到该结果的方式非常简单。执行 zip 操作时，我们接收 bookDetails 数组和 reviewDetails 数组。检查两个数组元素的 id 是否匹配，如果是，就从 book 中克隆出一个新的对象，称之为 clone：

```
. . .
 let clone = Object.assign({},book)
. . .
```

现在 clone 得到了 book 对象的一个副本。但是，要注意的重点是，clone 指向了一个独立的引用。为 clone 添加属性或操作的行为不会改变真实的 book 引用。在 JavaScript 中，对象是通过引用使用的。因此，如果改变 zip 函数中默认的 book 对象，那么 bookDetails 的内容将受到影响，这不是我们想要的结果。

所以，创建了 clone 以后，可为其添加一个 ratings 属性，并以 review 对象作为其值：

```
clone.ratings = review
```

最终，返回了 clone！现在可以像以前一样运用 reduce 函数去解决问题了。zip 是另一个小巧而简单的函数，但是它的作用非常强大。

5.5 小结

在本章中，我们取得了很大的进步。我们创建了一些有用的函数，比如 map、filter、concatAll、reduce 和 zip，让数组变得更易于使用。这些函数被称为投影函数，因为它们总是在应用转换操作(通过传入高阶函数)后返回数组。需要记住的重点是，这些就是我们在日常任务中使用的高阶函数。理解这些函数的运行机制，有助于我们对函数式进行更加深入的思考。但是，函数式之旅还没有结束。

本章教你创建了很多有用的数组函数，下一章将讨论柯里化与偏应用的概念。如果这些术语让你望而生畏，那么不必担心，它们只是简单的概念，但在实战中却会变得很强大。

第6章

柯里化与偏应用

本章将介绍术语柯里化(currying)的含义。在理解了柯里化的含义及其用途之后，我们将探讨一个在函数式编程中被称为偏应用(partial application)的概念。我们有必要理解柯里化和偏应用，因为随后将在函数式组合中使用它们！如前几章所述，本章将研究一个示例问题，并说明柯里化与偏应用这类函数式技术的运行机制。

注意：

本章的示例和类库源代码在 chap06 分支。仓库的 URL 是 https://github. com/antoaravinth/functional-es8.git。

检出代码时，请检出 chap06 分支：

```
...
git checkout -b chap06 origin/chap06
...
```

为使代码运行起来，和前面一样，执行命令：

```
...
npm run playground
...
```

6.1 一些术语

在说明柯里化与偏应用所进行的操作之前，需要介绍本章中使用的一些术语。

6.1.1 一元函数

只接收一个参数的函数即一元(unary)函数。例如，函数 identity 就是一个一元函数。见代码清单 6-1。

代码清单 6-1 一元函数 identity

```
const identity = (x) => x;
```

上面的函数只接收参数 x，所以可称之为一元函数。

6.1.2 二元函数

接收两个参数的函数即二元(binary)函数。例如，在代码清单 6-2 中，函数 add 可被称为二元函数。

代码清单 6-2 二元函数 add

```
const add = (x,y) => x + y;
```

add 函数接收两个参数，即 x、y，因此可称之为二元函数。

正如你猜测的那样，还存在着接收三个参数的三元函数，以此类推。JavaScript 还允许一种特殊类型的函数，我们称之为变参(variadic)函数，它接收可变数量的参数。

6.1.3 变参函数

变参函数是接收可变数量参数的函数。还记得吗？在 JavaScript 的旧版本中，可通过 arguments 捕获可变数量的参数。见代码清单 6-3。

代码清单 6-3　变参函数

```
function variadic(a){
    console.log(a);
    console.log(arguments)
}
```

可用如下方式调用变参函数：

```
variadic(1,2,3)
=> 1
=> [1,2,3]
```

注意：

从输出中可以看出，arguments 的确捕获了所有传入函数的参数。

如代码清单 6-3 所示，通过 arguments 能够捕获调用该函数的额外参数。在 ES5 中，开发者通过这种技术实现变参函数。但从 ES6 开始，出现了一个新的运算符，名为扩展运算符，我们可通过它获得相同的结果。见代码清单 6-4。

代码清单 6-4　使用扩展运算符的变参函数

```
const variadic = (a,...variadic) => {
    console.log(a)
    console.log(variadic)
}
```

如果调用上面的函数，将精确地得到期望的结果：

```
variadic(1,2,3)
=> 1
=> [2,3]
```

从结果中可以看出，第一个传入的参数是 1，而使用扩展运算符的 variadic 变量捕获了其他所有参数。ES6 的风格更简洁，因为它清晰地表明一个函数能够接收可变的参数。

了解了一些关于函数的常见术语后，该把注意力转移到那个神奇的词语——柯里化上了！

6.2 柯里化

你是否在函数式编程的博客中多次看到柯里化这个术语并依然想知道它的含义？别担心，我们将把柯里化的定义分解成多个小定义，这有助于你对它的理解。

我们从一个小问题开始：什么是柯里化？简单的答案是：柯里化是把一个多参数函数转换为一个嵌套的一元函数的过程。

如果你还不理解，别担心！下面通过一个简单的例子了解它的含义。

假设有一个名为 add 的函数：

```
const add = (x,y) => x + y;
```

这是一个简单的函数。如果调用该函数，比如 add(1, 1)，将得到结果 2。这里没有特别之处。下面是 add 函数的柯里化版本：

```
const addCurried = x => y => x + y;
```

上面的 addCurried 函数是 add 的一个柯里化版本。如果用单一的参数调用 addCurried，例如：

```
addCurried(4)
```

它将返回一个函数，其中 x 值通过闭包被捕获，正如我们在前几章所见：

```
=> fn = y => 4 + y
```

因此，可用如下方式调用 addCurried 函数以得到正确的结果：

```
addCurried(4)(4)
=> 8
```

此处我们手动把接收两个参数的 add 函数转换为含有嵌套的一元函数 addCurried。该处理过程被称为 curry(见代码清单 6-5)。

代码清单 6-5　curry 函数定义

```
const curry = (binaryFn) => {
  return function (firstArg) {
    return function (secondArg) {
      return binaryFn(firstArg, secondArg);
    };
  };
};
```

注意：

此处用 ES5 格式编写 curry 函数，目的是让读者对该返回嵌套的一元函数的过程有形象化的认识。

现在可以用如下方式通过 curry 函数把 add 函数转换为一个柯里化版本：

```
let autoCurriedAdd = curry(add)
autoCurriedAdd(2)(2)
=> 4
```

此输出正是我们想要的！现在复习一下柯里化的定义：柯里化是把一个多参数函数转换为一个嵌套的一元函数的过程。

由 curry 函数的定义可以发现，我们要把二元函数转换为嵌套的一元函数，而且每一个函数只接收一个参数。也就是说，返回嵌套的一元函数。希望这里讲清了柯里化这个术语。但你显然还有疑问：为什么需要柯里化？它有什么作用？

6.2.1　柯里化用例

本节将从简单的例子开始。假设我们要编写一个创建列表的函数。例如，需要创建 tableOf2、tableOf3、tableOf4 等。可通过下面的代码清单 6-6 实现。

代码清单 6-6　没有柯里化的表格函数

```
const tableOf2 = (y) => 2 * y
```

```
const tableOf3 = (y) => 3 * y
const tableOf4 = (y) => 4 * y
```

根据上面的定义，这些函数可用如下方式调用：

```
tableOf2(4)
=> 8
tableOf3(4)
=> 12
tableOf4(4)
=> 16
```

现在可把这些表格的概念概括为一个单独的函数：

```
const genericTable = (x,y) => x * y
```

然后使用 genericTable 获得 tableOf2：

```
genericTable(2,2)
genericTable(2,3)
genericTable(2,4)
```

接着以同样的方式获得 tableOf3 与 tableOf4。如果注意该模式，你会发现，此处用 2 填充了 tableOf2 的第一个参数，用 3 填充了 tableOf3 的第一个参数，以此类推。也许你在想，我们可通过柯里化解决该问题。下面通过柯里化使用 genericTable 构建表格。见代码清单 6-7。

代码清单 6-7　柯里化的表格函数

```
const tableOf2 = curry(genericTable)(2)
const tableOf3 = curry(genericTable)(3)
const tableOf4 = curry(genericTable)(4)
```

现在可用这些表格的柯里化版本进行测试：

```
console.log("Tables via currying")
console.log("2 * 2 =",tableOf2(2))
console.log("2 * 3 =",tableOf2(3))
console.log("2 * 4 =",tableOf2(4))

console.log("3 * 2 =",tableOf3(2))
console.log("3 * 3 =",tableOf3(3))
console.log("3 * 4 =",tableOf3(4))
```

```
console.log("4 * 2 =",tableOf4(2))
console.log("4 * 3 =",tableOf4(3))
console.log("4 * 4 =",tableOf4(4))
```

这将打印出期望的值：

```
Table via currying
2 * 2 = 4
2 * 3 = 6
2 * 4 = 8
3 * 2 = 6
3 * 3 = 9
3 * 4 = 12
4 * 2 = 8
4 * 3 = 12
4 * 4 = 16
```

6.2.2　日志函数：应用柯里化

上一节的例子帮助我们理解柯里化的用途。本节将描述一个复杂点的例子。开发者编写代码的时候会在应用的不同阶段编写很多日志。我们可编写一个日志函数，如代码清单 6-8 所示。

代码清单 6-8　简单的 loggerHelper 函数

```
const loggerHelper = (mode,initialMessage,errorMessage,lineNo)
=> {
    if(mode === "DEBUG")
        console.debug(initialMessage,errorMessage +
        "at line: " + lineNo)
    else if(mode === "ERROR")
        console.error(initialMessage,errorMessage +
        "at line: " + lineNo)
    else if(mode === "WARN")
        console.warn(initialMessage,errorMessage +
        "at line: " + lineNo)
    else
        throw "Wrong mode"
}
```

当团队中的任何开发者需要向控制台打印 Stats.js 文件中的错误时，可通过如下方式使用函数：

```
loggerHelper("ERROR","Error At Stats.js","Invalid argument
passed",23)
loggerHelper("ERROR","Error At Stats.js","undefined
argument",223)
loggerHelper("ERROR","Error At Stats.js","curry function is not
defined",3)
loggerHelper("ERROR","Error At Stats.js","slice is not
defined",31)
```

同样地，可把 loggerHelper 函数用于调试和警告信息。如你所见，此处在所有调用中重复使用了参数 mode 和 initialMessage。我们能做得更好吗？当然，可通过柯里化实现上面的调用。此处能使用上一节中定义的 curry 函数吗？很可惜，不能，原因是我们之前设计的柯里化函数只能处理二元函数，不能处理像 loggerHelper 这样的接收 4 个参数的函数。

下面解决这个问题并实现柯里化函数的完整功能，它可处理任何含有多个参数的函数。

6.2.3 回顾柯里化

如前所述，我们只能把一个函数柯里化(见代码清单 6-5)。那么多个函数会如何呢？在柯里化的实现中，这既简单又重要，下面添加规则。见代码清单 6-9。

代码清单 6-9 回顾柯里化函数定义

```
let curry =(fn) => {
    if(typeof fn!=='function'){
        throw Error('No function provided');
    }
};
```

有了这层检查，如果其他人使用一个整数(比如 2)调用柯里化函数，代码将会报错，这正是我们期望的！柯里化函数的下一个要求是，如果有人为柯里化函数提供了所有参数，我们就需要通过传递这些参数执行真正的函数。下面添加这一步(见代码清单 6-10)。

代码清单 6-10　处理参数的柯里化函数

```
let curry =(fn) => {
    if(typeof fn!=='function'){
        throw Error('No function provided');
    }

    return function curriedFn(...args){
      return fn.apply(null, args);
    };
};
```

如果有一个名为 multiply 的函数：

```
const multiply = (x,y,z) => x * y * z;
```

可通过如下方式使用新的柯里化函数：

```
curry(multiply)(1,2,3)
=> 6
curry(multiply)(1,2,0)
=> 0
```

下面看看它是如何运行的，我们在柯里化函数中添加了下面的逻辑：

```
return function curriedFn(...args){
    return fn.apply(null, args);
};
```

返回的函数是一个 variadic 函数，它返回了通过传入 args 并利用 apply 调用函数的结果：

```
. . .
fn.apply(null, args);
. . .
```

通过 curry(multiply)(1,2,3)，args 将会指向[1,2,3]，由于我们调用了 fn 的 apply，它等价于：

```
multiply(1,2,3)
```

这正是我们想要的！我们从该函数中获得了期望的结果。

下面再看看把多参数函数转换为嵌套的一元函数(这就是柯里化的定义)的问题！见代码清单 6-11。

代码清单 6-11　把多参数函数转换为一元函数的柯里化函数

```
let curry =(fn) => {
   if(typeof fn!=='function'){
      throw Error('No function provided');
   }

   return function curriedFn(...args){
     if(args.length < fn.length){
       return function(){
         return curriedFn.apply(null, args.concat( [].slice.
         call(arguments) ));
       };
     }
     return fn.apply(null, args);
   };
};
```

我们添加了这部分：

```
if(args.length < fn.length){
   return function(){
     return curriedFn.apply(null, args.concat( [].slice.
     call(arguments) ));
   };
}
```

下面逐句解释这段代码中发生了什么：

```
args.length < fn.length
```

这一行特别的代码将检验通过...args 传入的参数长度是否小于函数参数列表的长度。如果是，就进入 if 代码块，否则就如之前一样调用整个函数。

进入 if 代码块后，使用 apply 函数递归地调用 curriedFn：

```
curriedFn.apply(null, args.concat( [].slice.call(arguments) ));
```

代码片段：

```
args.concat( [].slice.call(arguments) )
```

非常重要。使用 concat 函数连接一次传入一个的参数，并递归地调用 curriedFn。由于此处将所有传入的参数组合在一起并递归地调用，我们将看到，在下面一行代码中：

```
if (args.length < fn.length)
```

条件失败了。由于参数列表的长度(args)和函数参数的长度(fn.length)相等，if 代码块将被略过，程序将调用：

```
return fn.apply(null, args);
```

这将产生函数的完整结果！

理解了这些，我们就能通过 curry 函数调用 multiply 函数了：

```
curry(multiply)(3)(2)(1)
=> 6
```

好极了！我们创建了自己的 curry 函数。

注意：

也可通过如下方式调用上面的代码片段。

```
let curriedMul3 = curry(multiply)(3)
let curriedMul2 = curriedMul3(2)
let curriedMul1 = curriedMul2(1)
```

其中，curriedMul1 将等于 6。但是我们会使用 curry(multiply)(3)(2)(1)，因为代码的可读性更强！

此处需要注意的重点是，curry 函数现在可以如例子展示的那样把多参数函数转换为一元函数了。

6.2.4　回顾日志函数

下面使用定义的 curry 函数解决日志函数的问题。为了便于参考，此处将展示该函数(见代码清单 6-8)：

```
const loggerHelper = (mode,initialMessage,errorMessage,lineNo) => {
    if(mode === "DEBUG")
        console.debug(initialMessage,errorMessage +
        "at line: " + lineNo)
    else if(mode === "ERROR")
        console.error(initialMessage,errorMessage +
        "at line: " + lineNo)
    else if(mode === "WARN")
        console.warn(initialMessage,errorMessage +
        "at line: " + lineNo)
    else
        throw "Wrong mode"
}
```

开发者习惯以如下方式调用函数：

```
loggerHelper("ERROR","Error At Stats.js","Invalid argument
passed",23)
```

下面通过 curry 解决重复使用前两个参数的问题：

```
let errorLogger = curry(loggerHelper)("ERROR")("Error At
Stats.js");
let debugLogger = curry(loggerHelper)("DEBUG")("Debug At
Stats.js");
let warnLogger = curry(loggerHelper)("WARN")("Warn At
Stats.js");
```

现在我们能够轻松地引用上面的柯里化函数并在各自的上下文中使用它们了：

```
// 用于错误
errorLogger("Error message",21)
=> Error At Stats.js Error messageat line: 21

// 用于调试
debugLogger("Debug message",233)
=> Debug At Stats.js Debug messageat line: 233

// 用于警告
warnLogger("Warn message",34)
=> Warn At Stats.js Warn messageat line: 34
```

这太棒了！我们看到，curry 函数有助于移除很多函数调用中的样板代码！多亏了闭包的概念，curry 函数才得以实现。节点的调试模块在其 API 中使用 curry 概念。(参见 https://github.com/visionmedia/debug)

6.3 柯里化实战

在上一节中，我们创建了自己的 curry 函数，也看到了使用 curry 函数的简单示例。

本节将介绍柯里化技术在简洁的小型示例中的应用。本节中的示例将帮助你更好地理解如何在日常工作中使用柯里化。

6.3.1 在数组内容中查找数字

假设我们要查找含有数字的数组内容，可通过下面的代码片段解决：

```
let match = curry(function(expr, str) {
  return str.match(expr);
});
```

返回的 match 函数是一个柯里化函数。可给第一个参数 expr 一个正则表达式/[0-9]+/，它将表明内容中是否含有数字。

```
let hasNumber = match(/[0-9]+/)
```

现在创建一个柯里化的 filter 函数：

```
let filter = curry(function(f, ary) {
  return ary.filter(f);
});
```

通过 hasNumber 和 filter，可创建一个新的名为 findNumbersInArray 的函数：

```
let findNumbersInArray = filter(hasNumber)
```

现在可以测试它：

```
findNumbersInArray(["js","number1"])
=> ["number1"]
```

大功告成！

6.3.2 求数组的平方

我们知道如何求数组的平方，也在前几章中看过示例。我们使用 map 函数并传入一个平方函数来解决问题。但是此处可通过 curry 函数以另一种方式解决该问题：

```
let map = curry(function(f, ary) {
  return ary.map(f);
});

let squareAll = map((x) => x * x)

squareAll([1,2,3])
=> [1,4,9]
```

如上面的例子所示，我们创建了一个新的函数——squareAll，而且能在代码库的其他位置使用它。同样地，可将该方法应用于 findEvenOfArray、findPrimeOfArray 等。

6.4 数据流

前两节都讨论了柯里化的应用，我们设计的柯里化函数总是在最后接收数组。这是有意而为的！如前几章所讨论的，程序员会经常处理数组之类的数据结构，所以，如果把数组用作最后一个参数，我们就能创建像 squareAll 和 findNumbersInArray 这样可重用的函数，以便在代码库中的各处使用它们！

注意：

在源代码中，我们把 curry 函数命名为 curryN。这仅是为了保留旧的 curry 函数，它支持用于二元函数的柯里化。

6.4.1　偏应用

本节将介绍一个名为 partial 的函数，它允许开发者部分地应用函数参数！

假设我们想每隔 10 毫秒执行一组操作。可通过 setTimeout 函数以如下方式实现：

```
setTimeout(() => console.log("Do X task"),10);
setTimeout(() => console.log("Do Y task"),10);
```

如你所见，我们为每一个 setTimeout 函数调用传入了 10。我们能在代码中把它隐藏吗？能使用 curry 函数解决吗？答案是否定的。原因在于 curry 函数应用参数列表的顺序是从最左到最右的。因为我们想根据需要传递函数，并将 10 保存为常量(参数列表的最右边)，所以不能以这种方式使用 curry。一个变通方案是把 setTimeout 函数封装一下，如此，函数参数就会变为最右边的一个：

```
const setTimeoutWrapper = (time,fn) => {
   setTimeout(fn,time);
}
```

然后可通过 curry 函数封装 setTimeout 来实现一个 10 毫秒的延迟：

```
const delayTenMs = curry(setTimeoutWrapper)(10)
delayTenMs(() => console.log("Do X task"))
delayTenMs(() => console.log("Do Y task"))
```

程序将以我们需要的方式运行。但问题是，我们不得不创建如 setTimeoutWrapper 这样的封装器，这是一种开销。而此处正是可以使用偏应用技术的地方！

6.4.2　实现偏函数

为了全面理解偏应用技术的运行机制，我们将在本节中创建自己的偏(partial)函数。实现完成后，本节将通过一个简单的例子介绍如何使用偏函数。

偏函数的实现如代码清单 6-12 所示。

代码清单 6-12 偏函数定义

```
const partial = function (fn,...partialArgs){
  let args = partialArgs;
  return function(...fullArguments) {
    let arg = 0;
    for (let i = 0; i < args.length && arg < fullArguments.
    length; i++) {
      if (args[i] === undefined) {
        args[i] = fullArguments[arg++];
        }
      }
      return fn.apply(null, args);
    };
  };
```

下面快速地在当前问题上应用该偏函数：

```
let delayTenMs = partial(setTimeout,undefined,10);
delayTenMs(() => console.log("Do Y task"))
```

这将在控制台中打印出期望的结果。现在浏览一下偏函数的实现细节。通过闭包，我们第一次捕获了传入函数的参数：

```
partial(setTimeout,undefined,10)

// 这将产生
let args = partialArgs
=> args = [undefined,10]
```

返回函数将记住 args 的值(是的，我们再次使用了闭包)。返回函数非常简单。它接收一个名为 fullArguments 的参数。所以，可通过传入该参数调用 delayTenMs 之类的函数：

```
delayTenMs(() => console.log("Do Y task"))

// fullArguments 指向
//[() => console.log("Do Y task")]
```

```
// 使用闭包的 args 将包含
//args = [undefined,10]
```

现在，在 for 循环中执行遍历并为函数创建必需的参数数组：

```
if (args[i] === undefined) {
    args[i] = fullArguments[arg++];
  }
}
```

下面从 i 为 0 时开始：

```
//args = [undefined,10]
//fullArguments = [() => console.log("Do Y task")]
args[0] => undefined === undefined //true

// 在 if 循环内
args[0] = fullArguments[0]
=> args[0] = () => console.log("Do Y task")

// 如此，args 将变为
=> [() => console.log("Do Y task"),10]
```

如上面的代码片段所示，通过 setTimeout 函数调用，args 指向我们期望的数组。一旦在 args 中有了必需的参数，我们就能通过 fn.apply(null, args)调用函数了！

记住，可将 partial 应用于任何含有多个参数的函数。为了了解得更具体些，请看下面的例子。在 JavaScript 中，使用下面的函数调用来执行 JSON 的美化输出：

```
let obj = {foo: "bar", bar: "foo"}
JSON.stringify(obj, null, 2);
```

如你所见，stringify 函数的最后两个参数总是相同的："null,2"。可用 partial 移除样板代码：

```
let prettyPrintJson = partial(JSON.stringify,undefined,null,2)
```

然后可使用 prettyPrintJson 来打印 JSON：

```
prettyPrintJson({foo: "bar", bar: "foo"})
```

这将输出：

```
"{
  "foo": "bar",
  "bar": "foo"
}"
```

注意：

偏函数实现中存在着一个小 bug。如果用一个不同的参数再次调用 prettyPrintJson，情况会如何？它能正常工作吗？

它将总是给出第一次调用的结果，为什么？你能发现错在哪了吗？

提示：记住，我们用参数替换 undefined 值，从而修改 partialArgs，而数组传递的是引用！

6.4.3 柯里化与偏应用技术

现在，我们了解了这两种技术，那么问题来了：什么时候该用哪一个？答案取决于 API 是如何定义的。如果 API 如 map、filter 一样定义，我们就可轻松地用 curry 函数解决问题。但是如上一节讨论的，在现实中，往往事与愿违。代码中可能存在不是为 curry 函数而设计的函数，比如例子中的 setTimeout。这种情况下，最合适的选择是使用偏函数！归根结底，我们使用 curry 或 partial 是为了让函数参数或函数设置变得更加简单和强大！

同样需要注意的是，柯里化将返回嵌套的一元函数。为了方便起见，我们实现了 curry，使它能够接收多个参数。另外，开发者需要 curry 或 partial，但并不是同时需要，这是已被证明的事实。

6.5 小结

柯里化与偏应用一直是函数式编程的工具。本章的起始部分解释了柯里化的定义：把多参数函数转换为嵌套的一元函数。我们看到了柯里化的例子及其用途。但是在这些例子中，有时我们想填充函数的前两个参数和最后一个参数，导致中间的参数处于一种未知状态。这正是偏应用发挥作用的地方。为了全面理解这些概念，我们实现了自己的 curry 和 partial 函数。我们取得了很大的进步，但是还没有完成终极目标。

函数式编程就是组合函数——组合一些小函数来构建一个新函数。组合与管道将是下一章的主题。

第 7 章

组合与管道

上一章讲解了两种函数式编程的重要技术：柯里化与偏应用。讨论了两种技术的运行机制！作为 JavaScript 程序员，我们应该在代码库中选择柯里化或偏应用之一。本章将介绍函数式组合的含义及其实际用例。

函数式组合在函数式编程中被称为组合(composition)。我们将了解组合的概念并学习大量的例子，然后创建自己的 compose 函数。理解 compose 函数底层的运行机制，是一项有趣的任务。

注意：

本章的示例和类库源代码在 chap07 分支。仓库的 URL 是 https://github. com/antsmartian/functional-es8.git。

检出代码时，请检出 chap07 分支：

```
...
git checkout -b chap07 origin/chap07
...
```

为使代码运行起来，和前面一样，执行命令：

```
...
npm run playground
...
```

7.1 组合的概念

在了解什么是函数式组合之前，需要先理解组合的概念。本节将通过介绍 UNIX 的理念来探讨组合的概念。

UNIX 的理念

UNIX 的理念是由 Ken Thompson 提出的一套思想。其中一部分内容如下：

> 每个程序只做好一件事情。为了完成一项新的任务，与其在复杂的旧程序中添加新“属性”，不如重新构建程序。

这正是我们在创建函数时秉承的理念。到目前为止，本书中的函数都应该接收一个参数并返回数据。是的，函数式编程遵循 UNIX 的理念。

该理念的第二部分是：

> 每个程序的输出应该是另一个未知程序的输入。

这句话很有趣。它是何含义呢？为了说清楚这一点，下面将介绍 UNIX 平台上的一些命令，它们是遵循这些理念构建的。

例如，cat 命令(可将它看作一个函数)用于在控制台中显示文本文件的内容。它接收一个参数(类似于函数)，该参数表示文件的位置(或其他)，并将输出(也与函数类似)打印到控制台。运行下面的命令：

```
cat test.txt
```

这将在控制台中打印出：

```
Hello world
```

注意：

此处 test.txt 的内容是 Hello world。

这非常简单。另一个名为 grep 的命令允许我们在给定的文本中搜索内容。此处要注意的重点是，grep 函数接收一个输入并给出输出(也与

函数非常类似)。

运行下面的 grep 命令：

```
grep 'world' test.txt
```

这将返回匹配的内容：

```
Hello world
```

此处介绍了两个非常简单的函数：grep 和 cat。它们都是遵循 UNIX 的理念构建的。现在花些时间来理解下面这句话：

每个程序的输出应该是另一个未知程序的输入。

假设我们想通过 cat 命令发送数据，并将其用作 grep 命令的输入来完成搜索。我们知道 cat 命令会返回数据，而 grep 命令会接收数据并将其用于搜索操作。因此，使用 UNIX 的管道符号“|”，就能完成该任务：

```
cat test.txt | grep 'world'
```

这将返回期望的数据：

```
Hello world
```

注意：

符号“|”被称为管道符号。它允许我们通过组合一些函数来创建一个能够解决问题的新函数。大致来说，“|”将最左侧的函数输出用作输入并发送给最右侧的函数！从技术上讲，该处理过程被称为管道。

上面的例子可能微不足道，但它传达了下面这句话背后的理念：

每个程序的输出应该是另一个未知程序的输入。

如上面的例子所示，grep 命令或一个函数可接收 cat 命令或函数的输出。总而言之，此处合并了两个已有的基本函数，不费吹灰之力地创建了一个新函数。当然，管道在两个命令之间扮演了桥梁的角色。

现在稍微修改一下问题的描述。如果要计算单词 world 在给定文本文件中出现的次数，该如何实现呢？

下面是解决方案：

```
cat test.txt | grep 'world' | wc
```

注意：

命令 wc 用于计算给定文本中某个单词的数量。该命令在所有的 UNIX 和 Linux 平台上都可用。

这将返回期望的数据。如上面的例子所示，通过即时地加入需求，我们基于基础函数创建了一个新函数！也就是说，我们通过基础函数组合了一个新函数。注意，基础函数需要遵循如下规则：

每一个基础函数都需要接收一个参数并返回数据。

通过“|”，我们能够组合出一个新函数。如本章所述，我们将在 JavaScript 中构建自己的 compose 函数，它将完成“|”在 UNIX/Linux 中的工作。

我们通过基础函数理解了组合函数的思想。组合函数真正的优势在于：不必创建新的函数就可通过基础函数解决眼前的问题。

7.2 函数式组合

本节将讨论 JavaScript 中一个有用的函数式组合用例。继续往下看——你将会喜欢上 compose 函数的思想。

7.2.1 回顾 map 与 filter

第 5 章的“连接操作”一节介绍了如何在 map 和 filter 之间连接数据。下面快速回顾一下该问题及其解决方案。

我们有一个对象数组，其结构如代码清单 7-1 所示。

代码清单 7-1 Apress 图书对象的结构

```
let apressBooks=[
    {
        "id": 111,
```

```
        "title": "C# 6.0",
        "author": "ANDREW TROELSEN",
        "rating": [4.7],
        "reviews": [{good : 4 , excellent : 12}]
    },
    {
        "id": 222,
        "title": "Efficient Learning Machines",
        "author": "Rahul Khanna",
        "rating": [4.5],
        "reviews": []
    },
    {
        "id": 333,
        "title": "Pro AngularJS",
        "author": "Adam Freeman",
        "rating": [4.0],
        "reviews": []
    },
    {
        "id": 444,
        "title": "Pro ASP.NET",
        "author": "Adam Freeman",
        "rating": [4.2],
        "reviews": [{good : 14 , excellent : 12}]
    }
];
```

问题是：从 apressBooks 中获取含有 title 和 author 字段且评分高于 4.5 的对象。解决方案如代码清单 7-2 所示。

代码清单 7-2　使用 map 获取 author 细节

```
map(filter(apressBooks, (book) => book.rating[0] > 4.5),
(book) => {
    return {title: book.title,author:book.author}
})
```

其结果如下所示：

```
[
    {
        title: 'C# 6.0',
        author: 'ANDREW TROELSEN'
    }
]
```

该解决方案的代码说明了一点：filter 函数输出的数据作为输入参数传递给了 map 函数。是的，你猜对了。这听上去是不是与上一节中通过 UNIX 的“|”解决的问题完全相同？在 JavaScript 中能做同样的事情吗？能否创建一个函数，把一个函数的输出用作输入并发送给另一个函数，从而把两个函数组合起来？是的，我们可以。下面介绍 compose 函数。

7.2.2 compose 函数

本节将教你创建第一个 compose 函数。方法简单而直接：该函数需要接收一个函数的输出，并将其用作输入以传递给另一个函数。下面把该过程封装进一个函数，见代码清单 7-3。

代码清单 7-3 compose 函数定义

```
const compose = (a, b) =>
  (c) => a(b(c))
```

compose 函数很简单，可满足我们的需求。它需要两个函数——a 和 b，并返回一个接收参数 c 的函数。当我们用 c 调用 compose 函数时，它将用输入 c 调用函数 b，而 b 的输出将被用作 a 的输入。这就是 compose 函数的定义。

在深入研究上一节的例子之前，此处先用一个简单的例子快速测试一下 compose 函数。

注意：

compose 函数会首先执行 b，并将 b 的返回值作为参数传递给 a。该函数调用的方向是从右至左的(也就是说，先执行 b，再执行 a)。

7.3 应用 compose 函数

有了 compose 函数，下面来构建一些有趣的例子。

假设我们想对一个给定的数字进行四舍五入求值。给定的数字为浮点型，因此，我们必须将数字转换为浮点型并调用 Math.round。

如果不使用组合，可尝试如下方式：

```
let data = parseFloat("3.56")
let number = Math.round(data)
```

输出是我们期望的 4。可见，data(parseFloat 函数的输出)作为输入被传递给 Math.round 以获得结果，这是 compose 函数能够解决的典型问题。

下面通过 compose 函数解决该问题：

```
let number = compose(Math.round,parseFloat)
```

上面的语句将返回一个新函数，它存储在变量 number 中，与下面的代码等价：

```
number = (c) => Math.round(parseFloat(c))
```

如果向 number 函数传入 c，可得到期望的结果：

```
number("3.56")
=> 4
```

上面的过程就是函数式组合：将两个函数组合在一起以即时地构建出一个新函数。此处要注意的重点是，函数 Math.round 或 parseFloat 在我们调用 number 函数前不会被执行。

假设有两个函数：

```
let splitIntoSpaces = (str) => str.split(" ");
let count = (array) => array.length;
```

如果要构建一个新函数以计算一个字符串中单词的数量，可以很容易地实现：

```
const countWords = compose(count,splitIntoSpaces);
```

现在可调用下面的代码：

```
countWords("hello your reading about composition")
=> 5
```

通过 compose 新创建的函数 countWords 是一种优雅而简单的实现方式。

7.3.1 引入 curry 与 partial

我们知道，仅当函数接收一个参数时，才能将两个函数组合起来。但情况并非总是如此，因为还存在多参数函数！如何组合这些函数？有何应对措施吗？

是的，可通过上一章定义的 curry 或 partial 函数来实现。可以回忆一下“回顾 map 与 filter”一节。本章起始部分介绍了如何使用下面的代码解决手头的问题(见代码清单 7-2)：

```
map(filter(apressBooks, (book) => book.rating[0] > 4.5),
(book) => {
    return {title: book.title,author:book.author}
})
```

现在可以使用 compose 函数将 map 和 filter 组合起来吗？记住，map 和 filter 函数都接收两个参数：第一个参数是数组，第二个参数是操作该数组的函数。因此，不能直接将它们组合起来。

但是我们可以求助于 partial 函数。记住，上面的代码片段操作的是 apressBooks 对象。此处将展示相关代码，以便参考：

```
let apressBooks = [
    {
        "id": 111,
        "title": "C# 6.0",
        "author": "ANDREW TROELSEN",
        "rating": [4.7],
        "reviews": [{good : 4 , excellent : 12}]
    },
```

```
    {
        "id": 222,
        "title": "Efficient Learning Machines",
        "author": "Rahul Khanna",
        "rating": [4.5],
        "reviews": []
    },
    {
        "id": 333,
        "title": "Pro AngularJS",
        "author": "Adam Freeman",
        "rating": [4.0],
        "reviews": []
    },
    {
        "id": 444,
        "title": "Pro ASP.NET",
        "author": "Adam Freeman",
        "rating": [4.2],
        "reviews": [{good : 14 , excellent : 12}]
    }
    ];
```

假设我们根据不同评分在代码库中定义了很多小函数以过滤图书，如下所示：

```
let filterOutStandingBooks = (book) => book.rating[0] === 5;
let filterGoodBooks = (book) => book.rating[0] > 4.5;
let filterBadBooks = (book) => book.rating[0] < 3.5;
```

我们也定义了很多投影函数，如下所示：

```
let projectTitleAndAuthor = (book) => { return {title: book.
title,author:book.author} }
let projectAuthor = (book) => { return {author:book.author} }
let projectTitle = (book) => { return {title: book.title} }
```

注意：

你可能想知道为什么我们为简单的事情定义了小函数。记住，组合的思想就是把小函数组合成一个大函数。简单的函数容易阅读、测试和

维护。如本节内容所示，我们可通过 compose 构建任何功能。

现在，如要解决问题——获取评分高于 4.5 的图书的标题(title)和作者(author)，可使用 compose 和 partial 实现，如下所示：

```
let queryGoodBooks = partial(filter,undefined,filterGoodBooks);
let mapTitleAndAuthor = partial(map,undefined,projectTitleAnd
Author)

let titleAndAuthorForGoodBooks = compose(mapTitleAndAuthor,
queryGoodBooks)
```

下面花些时间来理解 partial 函数在该问题中发挥的作用。如前所述，compose 函数只能组合接收一个参数的函数，但是 filter 和 map 接收两个参数，因此，不能直接将它们组合起来。

这就是使用 partial 函数部分地应用 map 和 filter 的第二个参数的原因，如下所示：

```
partial(filter,undefined,filterGoodBooks);
partial(map,undefined,projectTitleAndAuthor)
```

此处传入了 filterGoodBooks 函数来查找评分高于 4.5 的图书，传入 projectTitleAndAuthor 函数来获取 apressBooks 对象的 title 和 author 属性。现在返回的偏应用将只接收一个数组参数。有了这两个偏函数，我们就可通过 compose 将它们组合起来。见代码清单 7-4。

代码清单 7-4　使用 compose 函数

```
let titleAndAuthorForGoodBooks = compose(mapTitleAndAuthor,
queryGoodBooks)
```

现在函数 titleAndAuthorForGoodBooks 只接收一个参数，下面把 apressBooks 对象数组传给它：

```
titleAndAuthorForGoodBooks(apressBooks)
=> [
        {
                title: 'C# 6.0',
                author: 'ANDREW TROELSEN'
```

```
        }
]
```

此处不使用 compose 便可精确地获得想要的结果。但最终的组合版本 titleAndAuthorForGoodBooks 更具可读性，也更加优雅。你应该感受到了创建小函数单元的重要性，通过 compose，我们可根据需求重建这些函数。

在同一个例子中，如果我们只想获取评分高于 4.5 的图书的标题(title)，该怎么办？很简单：

```
let mapTitle = partial(map,undefined,projectTitle)
let titleForGoodBooks = compose(mapTitle,queryGoodBooks)
//调用它
titleForGoodBooks(apressBooks)
=> [
        {
                title: 'C# 6.0'
        }
]
```

如果我们只想获取评分等于 5 的图书的作者(author)，又该怎么办呢？这应该很容易，是不是？这里把该问题留给你，请使用上面定义的函数和 compose 函数去解决。

注意：

本节介绍了如何使用 partial 来填充函数的参数。然而我们可用 curry 做同样的事情。这取决于你的选择。但是你能使用 curry 给出上面例子的解决方案吗？(提示：颠倒 map 和 filter 的参数顺序)

7.3.2　组合多个函数

当前版本的 compose 函数只能组合 2 个给定的函数。如何组合 3 个、4 个或更多个函数呢？很可惜，当前的实现不能处理该问题。下面重写 compose 函数，使它能够即时地组合多个函数。

记住，我们需要把每个函数的输出用作输入并发送给另一个函数(通过递归地存储上一次执行的函数的输出)。此处可使用 reduce 函数，在上一章中，我们使用它逐次归约多个函数调用。重写的 compose 函数如代码清单 7-5 所示。

代码清单 7-5　组合多个函数

```
const compose = (...fns) =>
  (value) =>
    reduce(fns.reverse(),(acc, fn) => fn(acc), value);
```

注意：

上面的函数在源代码仓库中名为 composeN。

该函数实现的关键是下面一行：

```
reduce(fns.reverse(),(acc, fn) => fn(acc), value);
```

注意：

回想上一章，我们使用 reduce 函数把数组归约为单一的值(通过一个累加器的值，也就是 reduce 的第三个参数)，例如，为了求给定数组的和，应该以如下方式使用 reduce:

```
reduce([1,2,3],(acc,it) => it + acc,0)=> 6
```

此处数组[1,2,3]被归约到[6]，累加器的初始值是 0。

此处首次通过 fns.reverse()反转了函数数组，并传入了函数(acc, fn) => fn(acc)，它会以传入的 acc 作为其参数并依次调用每一个函数。很显然，累加器的初始值是 value 变量，它将被用作函数的第一个输入！

有了新的 compose 函数，下面用一个旧的例子测试一下它。在上一节中，我们组合了一个函数以计算给定字符串的单词数：

```
let splitIntoSpaces = (str) => str.split(" ");
let count = (array) => array.length;
const countWords = compose(count,splitIntoSpaces);
// 计算单词数
countWords("hello your reading about composition")
=> 5
```

假设我们想知道给定字符串的单词数是奇数还是偶数，而我们已经有了一个这样的函数：

```
let oddOrEven = (ip) => ip % 2 == 0 ? "even" : "odd"
```

通过 compose 函数，可将这三个函数组合起来以得到想要的结果：

```
const oddOrEvenWords = composeN(oddOrEven,count,splitIntoSpaces);
oddOrEvenWords("hello your reading about composition")
=> ["odd"]
```

我们得到了期望的结果！大胆应用新的 compose 函数吧！

现在我们对如何使用 compose 函数有了透彻的理解。下一节将介绍组合概念的另一种应用方式——管道。

7.4 管道/序列

在上一节中，我们了解到 compose 函数数据流是从右至左的，因为最右侧的函数首先执行，然后将数据传递给下一个函数，以此类推……最左侧的函数最后执行。

某些人喜欢另一种方式：最左侧的函数最先执行，最右侧的函数最后执行。还记得吗？当我们进行“|”操作时，UNIX 命令的数据流是从左至右的。因此，本节将介绍如何实现一个名为 pipe 的新函数，它与 compose 函数所做的事情相同，只不过颠倒了数据流的方向。

注意：

从左至右处理数据流的过程被称为管道(pipeline)或序列(sequence)。你可以按照自己喜欢的方式称呼它们。

实现 pipe

pipe 函数只不过是 compose 函数的复制品，唯一改动的地方是数据流。见代码清单 7-6。

代码清单 7-6　pipe 函数定义

```
const pipe = (...fns) =>
  (value) =>
    reduce(fns,(acc, fn) => fn(acc), value);
```

这就是 pipe 函数的定义。注意，此处没有如 compose 一样调用 fns 的 reverse 函数，这意味着此处将按原有的顺序执行函数(从左至右)。

下面通过重新执行上一节的例子快速检验一下 pipe 函数的实现：

```
const oddOrEvenWords = pipe(splitIntoSpaces,count,oddOrEven);
oddOrEvenWords("hello your reading about composition");
=> ["odd"]
```

结果完全相同。但请注意，我们在执行管道操作时改变了函数的顺序。首先调用 splitIntoSpaces，然后调用 count，最后调用 oddOrEven。

比起组合，有些人(他们具备 shell 脚本的知识)更喜欢管道。这只是个人偏好，与底层实现无关。重点是 pipe 和 compose 做相同的事情，只是数据流方向不同而已。可在代码库中使用 pipe 或 compose，但不要同时使用，因为这会在团队成员间引起混淆。坚持只用一种组合的风格。

7.5　组合的优势

本节将讨论两个主题。首先讨论组合最重要的属性之一：组合满足结合律。然后讨论组合多个函数时应如何调试。

下面分别阐述。

7.5.1　组合满足结合律

函数式组合总是满足结合律。一般来说，结合律表示表达式的结果与括号的顺序无关，例如：

```
x * (y * z) = (x * y) * z = xyz
```

类似地：

```
compose(f, compose(g, h)) == compose(compose(f, g), h);
```

下面快速看一下上一节的例子：

```
//compose(compose(f, g), h)

let oddOrEvenWords = compose(compose(oddOrEven,count),splitInto
Spaces);
let oddOrEvenWords("hello your reading about composition")
=> ['odd']

//compose(f, compose(g, h))

let oddOrEvenWords = compose(oddOrEven,compose(count,splitIntoS
paces));
let oddOrEvenWords("hello your reading about composition")
=> ['odd']
```

从上面的三个例子可以看出，两种情况的执行结果是相同的。这足以证明函数式组合满足结合律。你可能在想，其中的好处是什么？

真正的好处在于，它允许我们把函数组合到各自所需的 compose 函数中，比如：

```
let countWords = compose(count,splitIntoSpaces)
let oddOrEvenWords = compose(oddOrEven,countWords)

or
let countOddOrEven = compose(oddOrEven,count)
let oddOrEvenWords = compose(countOddOrEven,splitIntoSpaces)

or
...
```

上面的代码之所以能运行，是因为组合具有结合律的属性。前面曾指出，创建小函数是组合的关键。由于组合满足结合律，我们才能没有顾虑地通过组合的方式创建小函数，因为结果一定是相同的。

7.5.2 管道操作符

组合或链接基函数的另一种方法是使用管道操作符。管道操作符与前面的 UNIX 管道操作符类似。新的管道操作符旨在使链接的 JavaScript 函数代码更具可读性和可扩展性。

注意：

在我撰写本书时，管道操作符在 TC39 审批工作流中仍处于阶段 1 草案(提案)状态，这意味着它还不是 ECMAScript 规范的一部分。有关该建议的最新状态以及浏览器兼容性，请参阅 https://github.com/tc39/proposals。

下面看一些有关管道操作符的例子。

想一想以下对单个字符串参数进行操作的数学函数。

```
const double = (n) => n * 2;
const increment = (n) => n + 1;
const ntimes = (n) => n * n;
```

现在，如果要对任意数字调用这些函数，通常需要写下面的语句:

```
ntimes(double(increment(double(double(5)))));
```

该语句应该返回值 1764。这个语句的问题在于可读性，因为操作的顺序或操作的数量是不可读的。类 Linux 系统使用管道操作符，如本章起始部分所示。为了使代码更具可读性，ECMAScript 2017 (ECMA8)添加了一个类似的操作符。该操作符的名称是 pipeline(或二元中缀操作符)，表示为“|>”。二元中缀运算符计算其左侧(LHS)，并将右侧(RHS)作为一元函数调用应用于 LHS 的值。使用该操作符，可将前面的语句写成：

```
5 |> double |> double |> increment |> double |> ntimes //
returns 1764.
```

这样可读性更强，不是吗？当然，它比嵌套表达式更易于阅读，因为它包含更少或不包含括号，并且缩进更少。记住，现在它只适用于一元函数，即只有一个参数的函数。

注意：

在撰写本书时，我还没有机会使用 Babel 编译器来执行该语句，因为该操作符处于提案状态。当提案通过阶段 0(已发布)时，可使用最新 Babel 编译器尝试前面的示例。也可在 https://babeljs.io/上使用在线 Babel 编译器。有关该提案被纳入 ECMAScript 的最新情况，可在 http://tc39.github.io/proposal-pipelineoperator/上查看。

对于前面的示例，可使用管道操作符获取高评价书籍的标题(title)和作者(author)，如下所示。

```
let queryGoodBooks = partial(filter,undefined,filterGoodBooks);
let mapTitleAndAuthor = partial(map,undefined,projectTitleAnd
Author)
let titleAndAuthorForGoodBooks = compose(mapTitleAndAuthor,
queryGoodBooks)
titleAndAuthorForGoodBooks(apressBooks)
```

上面的语句可被重写为更容易理解的代码：

```
apressBooks |> queryGoodBooks |> mapTitleAndAuthor.
```

同样，这个操作符只是一个语法替代：后台的代码保持不变，所以这取决于开发人员的选择。然而，这种模式省去了给中间变量命名的工作，从而节省了一些击键次数。这个管道操作符的 GitHub 存储库网址为 https://github.com/babel/babel/tree/master/packages/babel-plugin-syntax-pipeline-operator。

尽管管道操作符只适用于一元函数，但有一种方法可以绕过该限制，将该操作符用于具有多个参数的函数。假设有如下函数:

```
let add = (x, y) => x + y;
let double = (x) => x + x;
// 不使用管道操作符
add(10, double(7))
// 使用管道操作符
7 |> double |> ( _=> add(10, _ ) // 返回 24
```

注意:

字符_可用任何有效的变量名替换。

7.5.3 使用 tap 函数调试

本章讨论了很多关于 compose 函数的知识。compose 函数可组合任意数量的函数。数据将从右至左地在一个链路中流动，直到全部函数执行完毕为止！本节将教你一个调试 compose 的技巧。

下面创建一个简单的名为 identity 的函数。该函数的目标是接收参数并将其返回。定义如下：

```
const identity = (it) => {
   console.log(it);
   return it
}
```

此处添加了一行简单的 console.log 来打印该函数接收到的值并将其返回。假设我们有如下函数调用：

```
compose(oddOrEven,count,splitIntoSpaces)("Test string");
```

执行上面的代码时，如果 count 函数抛出了错误，该怎么办？如何得知 count 函数接收到的参数是什么？这就是 identity 函数发挥作用的地方。我们将 identity 添加到数据流中可能出现错误的位置。

```
    compose(oddOrEven,count,identity,splitIntoSpaces)("Test
string");
```

这将打印出 count 函数接收到的输入参数。这个简单的函数对于调试函数接收到的数据非常有帮助。

7.6 小结

本章从 UNIX 的理念谈起，介绍了 cat、grep、wc 这些命令是如何按需组合的，然后描述了如何创建自己的 compose 函数，以及如何用 JavaScript 实现同样的目标。小巧的 compose 函数对开发者却大有用处，因为我们能够通过定义良好的小函数按需组合出复杂的函数。我们也通过一个偏函数了解了柯里化在函数式组合中发挥的作用。

我们还讨论了一个名为 pipe 的函数。与 compose 函数相比，它做了相同的事情，但反转了数据流的方向。本章的结尾部分讨论了组合的一个重要属性：组合满足结合律。我们还了解了一个新的管道操作符(|>)的用法，该操作符也被称为二元中缀操作符，它可用于一元函数。该管道操作符是 ECMAScript 2017 的提案，目前处于提案阶段，不久将在 ECMAScript 的下一个版本中提供。本章还提供了一个名为 identity 的小函数，当发现 compose 函数的问题时，我们可把它用作调试工具。

下一章将介绍函子(Functor)。函子非常简单，但也非常强大。下一章将提供更多关于函子的知识和用例！

第8章

函　　子

上一章讨论了很多有关函数式编程的技术。本章将介绍编程中的一个重要概念——错误处理。错误处理是一种常见的编程技术。但在函数式编程中，错误处理的方式有些不同，这是本章要介绍的。

我们将了解一个新概念——函子(Functor)。它将用一种纯函数式的方式帮助我们处理错误。在掌握了函子的思想后，我们将实现两个真实的函子：MayBe 和 Either。

注意：

本章的示例和类库源代码在 chap08 分支。仓库的 URL 是 https://github. com/antsmartian/functional-es8.git。

检出代码时，请检出 chap08 分支：

```
...
git checkout -b chap08 origin/chap08
...
```

为使代码运行起来，和前面一样，执行命令：

```
...
npm run playground
...
```

8.1 什么是函子

本节将探讨什么是函子。其定义如下：

函子是一个普通对象(在其他语言中，可能是一个类)，它实现了 map 函数，在遍历每个对象值的时候生成一个新对象。

这就是函子的定义，初看之下并不容易理解。我们将逐节分解它的含义，以便清晰地理解它，并在实战(通过编写代码)中了解什么是函子。

8.1.1 函子是容器

简言之，函子是一个持有值的容器。定义中已说明：函子是一个普通对象。下面创建一个简单的容器，它能够持有传给它的任何值，此处称之为 Container。见代码清单 8-1。

代码清单 8-1 Container 定义

```
const Container = function(val) {
   this.value = val;
}
```

注意：

你可能想知道这里为什么不使用箭头语法编写 Container 函数：

```
const Container = (val) => {
this.value = val;
}
```

上面的代码没有错，但当我们尝试将 new 关键字应用于 Container 时，将得到如下错误：

```
Container is not a constructor(...)(anonymous function)
```

为什么？从技术上讲，为了创建一个新对象，函数应该具有内部方法[[Construct]]和 prototype 属性。很遗憾，箭头函数两者都不具备！因此，这里使用了老朋友 function，它具有内部方法[[Construct]]，也可访问 prototype 属性。

有了 Container，下面通过它创建一个新对象，如代码清单 8-2 所示。

代码清单 8-2　应用 Container

```
let testValue = new Container(3)
=> Container(value:3)

let testObj = new Container({a:1})
=> Container(value:{a:1})

let testArray = new Container([1,2])
=> Container(value:[1,2])
```

Container 只持有内部的值。无论传入什么类型的 JavaScript 数据，Container 都会持有它。在继续探索之前，可为 Container 创建一个名为 of 的静态工具类方法。通过该方法，可在创建新的 Container 时省略 new 关键字。相关代码如代码清单 8-3 所示。

代码清单 8-3　of 方法定义

```
Container.of = function(value) {
   return new Container(value);
}
```

通过 of 方法，我们可重写代码清单 8-2 中的代码，如代码清单 8-4 所示：

代码清单 8-4　用 of 创建 Container

```
testValue = Container.of(3)
=> Container(value:3)

testObj = Container.of({a:1})
=> Container(value:{a:1})

testArray = new Container([1,2])
=> Container(value:[1,2])
```

值得注意的是，Container 也可包含嵌套的 Container：

```
Container.of(Container.of(3));
```

该语句将输出：

```
Container {
  value: Container {
     value: 3
  }
}
```

我们已将函子定义为持有值的容器，下面回顾一下该定义：

函子是一个普通对象(在其他语言中，可能是一个类)，它实现了 map 函数，在遍历每个对象值的时候生成一个新对象。

看上去函子需要实现 map 方法。下一节将介绍如何实现该方法。

8.1.2 实现 map 方法

在实现 map 方法前，暂停并思考一下为什么我们首先需要 map 函数。记住，Container 仅持有传给它的值。但持有值的行为几乎没有任何应用场景。此处就是 map 函数发挥作用的地方。它允许我们使用当前 Container 持有的值调用任何函数。

map 函数从 Container 中取出值，将传入的函数应用于该值，并将结果放回 Container。如图 8-1 所示。

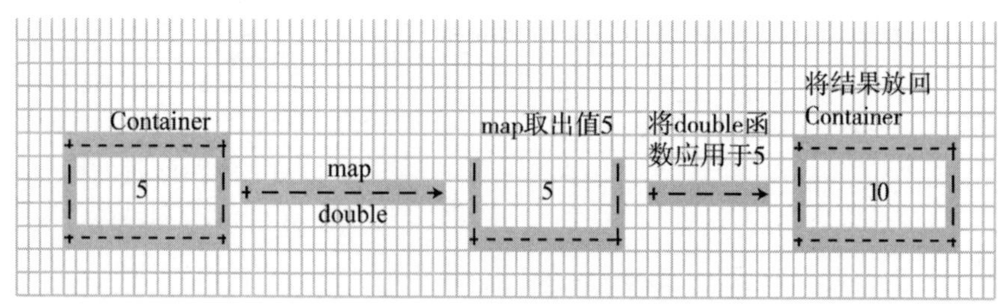

图 8-1　Container 与 map 函数的运行机制

图 8-1 说明了 map 函数与 Container 对象的运行方式。它接收 Container 中的值(在本例中，该值为 5)，并将该值传给传入的函数 double(该函数

将给定的数值翻倍)，最后将结果放回 Container。理解了这些后，下面我们来实现 map 函数，见代码清单 8-5。

代码清单 8-5　map 函数定义

```
Container.prototype.map = function(fn){
  return Container.of(fn(this.value));
}
```

如上所示，map 函数实现了图 8-1 讨论的机制。它既简单又优雅！为了讲解得更具体些，下面将图变为代码：

```
let double = (x) => x + x;
Container.of(3).map(double)
=> Container { value: 6 }
```

注意，map 返回了以传入函数的执行结果为值的 Container 实例，这将允许我们进行链式操作：

```
Container.of(3).map(double)
                                   .map(double)
                                   .map(double)
=> Container {value: 24}
```

通过 map 函数实现 Container 后，我们就能完全理解函子的定义：

函子是一个普通对象(在其他语言中，可能是一个类)，它实现了 map 函数，在遍历每个对象值的时候生成一个新对象。

换句话讲：

函子是一个实现了 map 契约的对象。

这就是函子。但你可能想知道函子可以用来做什么？后续章节将回答该问题。

注意：

函子是一个寻求契约的概念。如我们所见，该契约很简单，就是实现 map。实现 map 函数的方式提供了不同类型的函子，如 MayBe、Either，本章随后将讨论它们。

8.2 MayBe 函子

本章起始部分提出了如何利用函数式编程技术处理错误或异常的问题。上一节介绍了函子的基本概念。本节将讨论一个名为 MayBe 的函子。它能以更加函数式的方式处理代码中的错误。

8.2.1 实现 MayBe 函子

MayBe 是一个函子，这意味着它将实现 map 函数，但是会用一种不同的方式。下面从简单的 MayBe 开始本节的学习之旅，该函子能够持有数据(与 Container 的实现非常相似)，见代码清单 8-6。

代码清单 8-6 MayBe 函数定义

```
const MayBe = function(val) {
  this.value = val;
}

MayBe.of = function(val) {
  return new MayBe(val);
}
```

前面介绍了如何创建与 Container 实现类似的 MayBe。如前所述，我们需要为 MayBe 实现 map 契约，如代码清单 8-7 所示。

代码清单 8-7 MayBe 的 map 函数定义

```
MayBe.prototype.isNothing = function() {
  return (this.value === null || this.value === undefined);
};
MayBe.prototype.map = function(fn) {
  return this.isNothing() ? MayBe.of(null) : MayBe.of(fn(this.
  value));
};
```

该 map 函数与 Container(简单的函子)的 map 函数做了非常相似的事情。MayBe 的 map 在应用传入的函数之前先使用 isNothing 函数检查容器中的值是否为 null 或 undefined：

```
(this.value === null || this.value === undefined);
```

注意，map 把应用函数的返回值放回了容器：

```
return this.isNothing() ? Maybe.of(null) :
Maybe.of(f(this.__value));
```

下面看看 MayBe 的实战应用。

8.2.2 简单用例

如上一节所讨论的，MayBe 在应用传入的函数之前会检查 null 和 undefined。这是一种对错误处理的强大抽象！为了讲得具体些，此处将提供一个用例，如代码清单 8-8 所示。

代码清单 8-8 创建第一个 MayBe

```
MayBe.of("string").map((x) => x.toUpperCase())
```

这将返回：

```
MayBe { value: 'STRING' }
```

最重要和有趣的地方是：

```
(x) => x.toUpperCase()
```

此处不关心 x 是否为 null 或 undefined，它已经被 MayBe 函子抽象出来了。如果 string 的值为 null，情况会如何？比如下面的代码：

```
MayBe.of(null).map((x) => x.toUpperCase())
```

将得到：

```
MayBe { value: null }
```

代码没有在 null 或 undefined 值下崩溃，因为我们已经把值封装到安全容器 MayBe 中了。此处在用一种声明式的方式处理 null 值。

注意：

在 MayBe.of(null)的例子中，如果调用 map 函数，那么根据实现可

知，map 首先会通过调用 isNothing 来检查值是否为 null 或 undefined:

```
// map 的实现
MayBe.prototype.map = function(fn) {
return this·isNothing() ? MayBe.of(null) : MayBe.
of(fn(this.value));
};
```

如果 isNothing 返回 true，我们就返回 MayBe.of(null)，而不是调用传入的函数。

普通的命令式方法可能会这样写：

```
let value = "string"
if(value != null || value != undefined)
   return value.toUpperCase();
```

上面的代码完成了同样的事情，但是看看检查 value 是否为 null 或 undefined 所需的步骤，即使是单一的调用，也需要如此。而通过 MayBe，我们不必关心这些暗藏的变量就能得到结果值。记住，我们可链式调用 map 函数，如代码清单 8-9 所示。

代码清单 8-9　使用 map 链式调用

```
MayBe.of("George")
   .map((x) => x.toUpperCase())
   .map((x) => "Mr. " + x)
```

返回结果：

```
MayBe { value: 'Mr. GEORGE' }
```

在结束本节前，我们需要讨论 MayBe 的两个重要属性。第一点，即使给 map 传入返回 null 或 undefined 的函数，MayBe 也可处理这类函数。换言之，在整个 map 的链式调用中，如果一个函数返回了 null 或 undefined，那么该函数是没有问题的。为了描述该问题，下面介绍最后一个例子：

```
MayBe.of("George")
   .map(() => undefined)
```

```
    .map((x) => "Mr. " + x)
```

注意，第二个 map 函数返回了 undefined。如果运行上面的代码，将会得到如下结果：

```
MayBe { value: null }
```

这符合预期。

第二点，所有的 map 函数都会被调用，无论它是否接收到 null 或 undefined。仍以代码清单 8-9 为例：

```
MayBe.of("George")
    .map(() => undefined)
    .map((x) => "Mr. " + x)
```

这里的重点是，即使第一个 map 函数返回了 undefined：

```
map(() => undefined)
```

第二个 map 仍然会被调用(也就是说，任何层级的链式 map 都会被调用)，它也会返回 undefined(因为前一个 map 返回了 undefined/null)，而不应用传入的函数。该过程将持续下去，直到链条中的最后一个 map 函数被调用为止。

8.2.3 真实用例

既然 MayBe 是一个可持有任何值的容器，那么它也可持有数组。假设我们编写了一个 API 来获取社交新闻网站 Reddit 子版块的 Top10 数据，如 top、new 或 hot。见代码清单 8-10。

代码清单 8-10 获取 Reddit 子版块的 Top10 帖子

```
let getTopTenSubRedditPosts = (type) => {
  let response
  try{
    response = JSON.parse(request('GET',"https://www.
    reddit.com/r/subreddits/" + type + ".json?limit=10").
    getBody('utf8'))
  }catch(err) {
    response = { message: "Something went wrong" ,
```

```
    errorCode: err['statusCode'] }
  }
  return response
}
```

注意:

request 来自包 sync-request。它可以发起一个请求并同步地获得响应。上面的代码只是为了说明问题，不建议在生产环境中使用同步调用。

---

getTopTenSubRedditPosts 函数访问了 URL 并获得了响应。如果在访问 Reddit API 时发生了问题，它会返回如下格式的响应:

```
. . .
response = { message: "Something went wrong" , errorCode:
err['statusCode'] }
. . .
```

如果以如下方式调用 API:

```
getTopTenSubRedditPosts('new')
```

我们将得到如下格式的响应:

```
{"kind": "Listing", "data": {"modhash": "", "children": [],
"after": null, "before": null}}
```

其中 children 属性含有一个 JSON 对象的数组，如下所示:

```
"{
  "kind": "Listing",
  "data": {
    "modhash": "",
    "children": [
      {
        "kind": "t3",
        "data": {
          . . .
          "url": "https://twitter.com/malyw/
          status/780453672153124864",
          "title": "ES7 async/await landed in Chrome",
          . . .
        }
```

```
      }
    ],
    "after": "t3_54lnrd",
    "before": null
  }
}"
```

我们需要从响应中获取包含 url 和 title 的 JSON 对象数组。记住，如果向 getTopTenSubRedditPosts 传入一个无效的子版块，比如 test，它将返回一个不包含 data 或 children 属性的错误响应。

可用 MayBe 实现此逻辑，如代码清单 8-11 所示。

代码清单 8-11　使用 MayBe 获取 Reddit 子版块的 Top10 帖子

```
// 导入类库的 arrayUtils 对象
import {arrayUtils} from '../lib/es8-functional.js'

let getTopTenSubRedditData = (type) => {
   let response = getTopTenSubRedditPosts(type);
   return MayBe.of(response).map((arr) => arr['data'])
                            .map((arr) => arr['children'])
                            .map((arr) => arrayUtils.map(arr,
                               (x) => {
                                  return {
                                     title : x['data'].
                                     title,
                                     url : x['data'].url
                                  }
                               }
                            ))
}
```

下面分析一下 getTopTenSubRedditData 的运行机制。首先，使用 MayBe.of(response)把 Reddit API 调用的结果封装到 MayBe 的上下文中。然后，使用 MayBe 的 map 方法运行一个函数序列：

```
. . .
.map((arr) => arr['data'])
.map((arr) => arr['children'])
. . .
```

这将从如下的响应结构中返回 children 数组对象：

```
{"kind": "Listing", "data": {"modhash": "", "children":
[ . . . .], "after": null, "before": null}}
```

在最后一个 map 中，使用 arrayUtils 的 map 遍历 children 属性并按需返回了 title 和 url：

```
. . .
.map((arr) =>
      arrayUtils.map(arr,
   (x) => {
      return {
          title : x['data'].title,
          url : x['data'].url
      }
   }
. . .
```

如果用一个有效的 Reddit 名称(比如 new)调用该函数：

```
getTopTenSubRedditData('new')
```

将得到响应：

```
MayBe {
  value:
   [ { title: '/r/UpliftingKhabre - The subreddit for uplifting
   and positive stories from India!',
       url: 'https://www.reddit.com/r/ },
   { title: 'Angel Vivaldi channel',
     url: 'https://qa1web-portal.immerss.com/angel-vivaldi/
     angel-vivaldi' },
   { title: 'r/test12 - Come check us out for INSANE',
     url: 'https://www.reddit.com/r/' },
   { title: 'r/Just - Come check us out for GREAT',
     url: 'https://www.reddit.com/r/just/' },
   { title: 'r/Just - Come check us out for GREAT',
     url: 'https://www.reddit.com/r/just/' },
   { title: 'How to Get Verified Facebook',
     url: 'http://imgur.com/VffRnGb' },
```

```
{ title: '/r/TrollyChromosomes - A support group for those
  of us whose trollies or streetcars suffer from chronic
  genetic disorders',
  url: 'https://www.reddit.com/r/trollychromosomes' },
{ title: 'Yemek Tarifleri Eskimeyen Tadlarımız',
  url: 'http://otantiktad.com/' },
{ title: '/r/gettoknowyou is the ultimate socializing
  subreddit!',
  url: 'https://www.reddit.com/r/subreddits/
  comments/50wcju/rgettoknowyou_is_the_ultimate_
  socializing/' } ] }
```

注意：

上面的响应可能与读者得到的不同，因为响应会随时变更。

getTopTenSubRedditData 方法的妙处在于，它如何在逻辑流中处理可能引发 null 或 undefined 错误的意外输入。如果有人用一个错误的 Reddit 类型调用 getTopTenSubRedditData，会发生什么呢？它将从 Reddit 返回如下的 JSON 响应：

```
{ message: "Something went wrong" , errorCode: 404 }
```

也就是说，data 和 children 属性将为空。下面用错误的 Reddit 类型尝试一下，看看它如何响应：

```
getTopTenSubRedditData('new')
```

这将返回：

```
MayBe { value: null }
```

它不会抛出任何错误。尽管 map 函数尝试从响应中获取 data(在本例中没有出现)，但它返回了 MayBe.of(null)，因此，如前所述，相应的 map 不会应用传入的函数。

我们可以明显地感觉到，MayBe 能轻松处理所有 undefined 或 null 错误。getTopTenSubRedditData 显然是声明式的。

关于 MayBe 函子，此处不再赘述。下一节将介绍一个名为 Either 的函子。

8.3 Either 函子

本节将介绍如何创建一个名为 Either 的新函子。它能够解决分支拓展问题(branching-out problem)。为了给出上下文，先来回顾一下上一节的例子(见代码清单 8-9)：

```
MayBe.of("George")
    .map(() => undefined)
    .map((x) => "Mr. " + x)
```

上面的代码将返回如下结果：

```
MayBe {value: null}
```

结果与预期一致。但问题是，哪一个分支(也就是上面的两个 map 调用)在检查 undefined 或 null 值时执行失败了。此处不能通过 MayBe 轻易地回答该问题。唯一的方法是深入分析 MayBe 的分支并发现问题所在。这并不意味着 MayBe 存在缺陷，只是在某些情况(主要是存在多个嵌套的 map 的情况)下，我们需要一个比 MayBe 更好的函子。此处就是 Either 发挥作用的地方。

8.3.1 实现 Either 函子

我们已经了解了 Either 要解决的问题，下面看一下它的实现，如代码清单 8-12 所示。

代码清单 8-12 Either 函子的部分定义

```
const Nothing = function(val) {
  this.value = val;
};

Nothing.of = function(val) {
  return new Nothing(val);
};

Nothing.prototype.map = function(f) {
  return this;
```

```
};

const Some = function(val) {
  this.value = val;
};

Some.of = function(val) {
  return new Some(val);
};

Some.prototype.map = function(fn) {
  return Some.of(fn(this.value));
}
```

实现包含两个函数——Some 和 Nothing。如你所见，Some 是一个 Container 的副本，只不过换了一个名称。有趣的部分在于 Nothing。它也是一个 Container，但其 map 不执行给定的函数，而只返回对象本身。

```
Nothing.prototype.map = function(f) {
  return this;
};
```

换言之，可以在 Some 上运行函数，但不能在 Nothing 上运行。下面快速看一个例子：

```
Some.of("test").map((x) => x.toUpperCase())
=> Some {value: "TEST"}

Nothing.of("test").map((x) => x.toUpperCase())
=> Nothing {value: "test"}
```

如上面的代码所示，在 Some 上对 map 的调用执行了传入的函数。但是在 Nothing 中，它只返回了相同的值 test。下面把两个对象封装到 Either 对象中，如代码清单 8-13 所示。

代码清单 8-13　Either 定义

```
const Either = {
  Some : Some,
  Nothing: Nothing
}
```

你可能想知道 Some 或 Nothing 的用途是什么。为了理解这一点，我们回顾一下 Reddit 例子的 MayBe 版本。

8.3.2 Reddit 例子的 Either 版本

Reddit 例子的 MayBe 版本如代码清单 8-11 所示。

```
let getTopTenSubRedditData = (type) => {
  let response = getTopTenSubRedditPosts(type);
  return MayBe.of(response).map((arr) => arr['data'])
                             .map((arr) => arr['children'])
                             .map((arr) => arrayUtils.map(arr,
                                (x) => {
                                    return {
                                        title : x['data'].
                                        title,
                                        url : x['data'].url
                                    }
                                }
                             ))
}
```

传入一个错误的 Reddit 类型，比如 unknown：

```
getTopTenSubRedditData('unknown')
=> MayBe {value : null}
```

我们获得了具有 null 值的 MayBe 对象，但不知道 null 被返回的原因。我们知道 getTopTenSubRedditData 使用 getTopTenSubRedditPosts 获得响应。现在我们可通过 Either 创建 getTopTenSubRedditPosts 的一个新版本，如代码清单 8-14 所示。

代码清单 8-14　使用 Either 获取 Reddit 子版块的 Top10 帖子

```
let getTopTenSubRedditPostsEither = (type) => {

    let response
    try{
        response = Some.of(JSON.parse(request('GET',
        "https://www.reddit.com/r/subreddits/" + type +
```

```
        ".json?limit=10").getBody('utf8')))
    }catch(err) { response = Nothing.of({ message:
    "Something went wrong" , errorCode: err['statusCode'] })
    }
    return response
}
```

注意，此处用 Some 封装了正确的响应，并用 Nothing 封装了错误的响应。下面将 Reddit API 修改为如下代码，见代码清单 8-15。

代码清单 8-15 使用 Either 获取 Reddit 子版块的 Top10 帖子

```
let getTopTenSubRedditDataEither = (type) => {
    let response = getTopTenSubRedditPostsEither(type);
    return response.map((arr) => arr['data'])
                        .map((arr) => arr['children'])
                        .map((arr) => arrayUtils.map(arr,
                            (x) => {
                                return {
                                    title : x['data'].
                                    title,
                                    url : x['data'].url
                                }
                            }
                        ))
}
```

上面的代码实际上就是 MayBe 版本，只不过没有使用 MayBe，而使用了 Either。

下面用错误的 Reddit 数据类型调用新的 API：

```
getTopTenSubRedditDataEither('new2')
```

这将返回：

```
Nothing { value: { message: 'Something went wrong', errorCode:
404 } }
```

这太绝妙了！此处用 Either 获得了分支失败的确切原因。如你猜测的那样，在错误的情况(也就是未知的 Reddit 类型)下，getTopTenSubReddit-PostsEither 返回了 Nothing。因此，getTopTenSubRedditDataEither 中的映射将永远不会执行，因为它要处理的是 Nothing 类型。可见，Nothing 帮助我们保存了错误信息并阻断了函数的映射。

最后注意，可用一个有效的 Reddit 类型尝试该新版本：

```
getTopTenSubRedditDataEither('new')
```

它将在 Some 中返回预期的响应：

```
Some {
 value:
  [ { title: '/r/UpliftingKhabre - The subreddit for uplifting
  and positive stories from India!',
      url: 'https://www.reddit.com/r/ },
    { title: '/R/ - The Best Place To Off To Your Fave,
      url: 'https://www.reddit.com/r/ },
    { title: 'Angel Vivaldi channel',
      url: 'https://qa1web-portal.immerss.com/angel-vivaldi/
      angel-vivaldi' },
    { title: 'r/test12 - Come check us out for INSANE',
      url: 'https://www.reddit.com/r/ /' },
    { title: 'r/Just - Come check us out for',
      url: 'https://www.reddit.com/r/just/' },
    { title: 'r/Just - Come check us out for',
      url: 'https://www.reddit.com/r/' },
    { title: 'How to Get Verified Facebook',
      url: 'http://imgur.com/VffRnGb' },
    { title: '/r/TrollyChromosomes - A support group for those
      of us whose trollies or streetcars suffer from chronic
      genetic disorders',
      url: 'https://www.reddit.com/r/trollychromosomes' },
    { title: 'Yemek Tarifleri Eskimeyen Tadlarımız',
      url: 'http://otantiktad.com/' },
    { title: '/r/gettoknowyou is the ultimate socializing
      subreddit!',
      url: 'https://www.reddit.com/r/subreddits/comments/50wcju/
      rgettoknowyou_is_the_ultimate_socializing/' } ] }
```

关于 Either 的介绍到此为此。

注意：

如果你有 Java 背景，可能会觉得 Either 与 Java 8 中的 Optional 很相似。实际上，Optional 就是一个函子。

8.4 Pointed 函子

在结束本章前，此处需要明确一点。本章的起始部分讲过，创建 of 方法只是为了在创建 Container 时不使用 new 关键字。我们也为 MayBe 和 Either 实现了该方法。要记住，函子只是一个实现了 map 契约的接口。Pointed 函子是一个函子的子集，它具有实现了 of 契约的接口。

因此，到目前为止我们设计的函子都可被称为 Pointed 函子。这部分内容只是为了明确书中的术语。但是，更重要的是，我们需要了解函子或 Pointed 函子在实际中能够解决的问题。

8.5 小结

本章以一个问题开始：如何用函数式编程的方式处理异常。从创建一个简单的函子开始，将函子定义为实现了 map 函数的容器。然后我们实现了一个名为 MayBe 的函子。它能帮助我们避免麻烦的 null 或 undefined 检查。MayBe 允许开发人员用函数式和声明式的方式编写代码。接着我们看到，Either 能够帮助我们在拓展分支时保存错误信息。它是 Some 和 Nothing 的超类型。现在我们已经了解了函子的实战应用。

第 9 章

深入理解 Monad

上一章解释了函子的定义以及其用途。本章将继续讨论函子。我们将学习一个名为 Monad 的新函子。不必害怕该术语：它的概念很简单。

我们将从一个问题开始：根据搜索词条获取并展示 Reddit 评论。首先，使用函子(尤其是 MayBe 函子)来解决该问题。但是在此过程中，我们将遇到一些关于 MayBe 函子的小问题。然后，创建一个特别类型的函子——Monad。

注意：

本章的示例和类库源代码在 chap09 分支。仓库的 URL 是 https://github. com/antsmartian/functional-es8.git。

检出代码时，请检出 chap09 分支：

```
...
git checkout -b chap09 origin/chap09
...
```

为使代码运行起来，和前面一样，执行命令：

```
...
npm run playground
...
```

9.1 根据搜索词条获取 Reddit 评论

从上一章开始，我们一直在使用 Reddit API。本节将介绍如何通过它根据词条搜索帖子，并获取每个搜索结果的评论列表。我们将使用 MayBe 解决该问题。如上一章所述，MayBe 能使开发者专注于问题本身，而不必关心麻烦的 null 或 undefined 值检查。

注意：

你可能想知道此处为什么不使用 Either 函子解决该问题，因为 MayBe 存在一些小缺陷，比如不能在拓展分支时捕获错误。的确如此，但此处选择 MayBe 主要是为了让事情保持简单。如你所见，我们也将为 Either 扩展同样的想法。

9.2 问题描述

在实现解决方案之前，先来看一下问题描述及其关联的 Reddit API 接口。该问题包含两个步骤。

(1) 为了搜索指定的帖子或评论，需要访问 Reddit API 接口：

```
https://www.reddit.com/search.json?q=<SEARCH_STRING>
```

并传入<SEARCH_STRING>。例如，如果搜索字符串 functional programming：

```
https://www.reddit.com/search.json?q=
functional%20programming
```

将得到如下结果，见代码清单 9-1。

代码清单 9-1　Reddit 响应的结构

```
{ kind: 'Listing',
  data:
    { facets: {},
      modhash: '',
```

```
    children:
      [ [Object],
        [Object],
        [Object],
        [Object],
        [Object],
        [Object],
        . . .
        [Object],
        [Object] ],
    after: 't3_terth',
    before: null } }
```

每个children对象的结构如下：

```
{ kind: 't3',
  data:
    { contest_mode: false,
      banned_by: null,
      domain: 'self.compsci',
      . . .
      downs: 0,
      mod_reports: [],
      archived: true,
      media_embed: {},
      is_self: true,
      hide_score: false,
      permalink: '/r/compsci/comments/3mecup/eli5_what_is_
      functional_programming_and_how_is_it/?ref=search_posts',
      locked: false,
      stickied: false,
      . . .
      visited: false,
      num_reports: null,
      ups: 134 } }
```

这些对象指定了匹配搜索词条的结果。

(2) 有了搜索结果后，我们需要获取每个搜索结果的评论。如何做到呢？前面提到过，每个children对象都是搜索结果。这些对象有一个permalink字段，如下所示：

```
permalink: '/r/compsci/comments/3mecup/eli5_what_is_
functional_programming_and_how_is_it/?ref=search_posts',
```

需要访问上面的 URL：

```
GET: https://www.reddit.com//r/compsci/comments/3mecup/eli5_
what_is_functional_programming_and_how_is_it/.json
```

它将返回如下评论数组：

```
[Object,Object,..,Object]
```

每个 Object 都给出了关于评论的信息。

获得评论对象后，需要用 title 合并结果并返回一个新对象：

```
{
   title : Functional programming in plain English,
   comments : [Object,Object,..,Object]
}
```

此处的 title 就是我们从第一步中获取的标题。带着对该问题的理解，下面来实现其逻辑。

9.2.1 实现第一步

下面逐步实现该解决方案。本节将介绍如何实现其第一步，此步骤要求用搜索词条访问 Reddit API 接口。由于需要触发 HTTP GET 请求，我们将引入在上一章中出现过的 sync-request 模块。

下面引入该模块并将其保存至一个变量，以备将来之需：

```
let request = require('sync-request');
```

现在可使用 request 函数向 Reddit API 接口发起 HTTP GET 请求了。下面把搜索的步骤封装到一个名为 searchReddit 的函数中，如代码清单 9-2 所示。

代码清单 9-2　searchReddit 函数定义

```
let searchReddit = (search) => {
   let response
```

```
    try{
        response = JSON.parse(request('GET',"https://www.reddit.
        com/search.json?q=" + encodeURI(search)).getBody('utf8'))
    }catch(err) {
        response = { message: "Something went wrong" ,
        errorCode: err['statusCode'] }
    }
    return response
}
```

下面逐步分析一下代码清单9-2中的代码。

(1) 向 URL 接口 https://www.reddit.com/search.json?q=发起搜索请求，如下所示：

```
response = JSON.parse(request('GET',"https://www.
reddit.com/search.json?q=" + encodeURI(search)).
getBody('utf8'))
```

注意，此处使用了encodeURI方法转义搜索字符串中的特殊字符。

(2) 响应成功后，返回响应值。

(3) 如果发生了错误，我们将在catch块中捕获，并获取错误码，返回错误响应，如下所示：

```
. . .
catch(err) {
      response = { message: "Something went wrong" ,
      errorCode: err['statusCode'] }
   }
. . .
```

下面测试一下该函数：

```
searchReddit("Functional Programming")
```

这将返回结果：

```
{ kind: 'Listing',
  data:
   { facets: {},
    modhash: '',
    children:
```

```
        [ [Object],
          [Object],
          [Object],
          [Object],
          [Object],
          [Object],
          [Object],
          [Object],
          . . .
      after: 't3_terth',
      before: null } }
```

很好，我们完成了第一步！下面实现第二步。

为了为每个 children 对象实现第二步，我们需要通过其 permalink 值获取评论列表。下面编写一个单独的方法以获取给定 URL 的评论列表，此处将该方法称为 getComments。它的实现很简单，如代码清单 9-3 所示。

代码清单 9-3　getComments 函数定义

```
let getComments = (link) => {
   let response
   try {
      response = JSON.parse(request('GET',"https://www.
      reddit.com/" + link).getBody('utf8'))
   } catch(err) {
      response = { message: "Something went wrong" ,
      errorCode: err['statusCode'] }
   }

   return response
}
```

getComments 的实现与 searchReddit 非常相似。下面逐步分析一下它所做的事情。

(1) 它根据给定的 link 值触发 HTTP GET 请求。例如，如果 link 值为：

```
r/IAmA/comments/3wyb3m/we_are_the_team_working_on_
react_native_ask_us/.json
```

(2) getComments 将向如下 URL 发起 HTTP GET 请求：

```
https://www.reddit.com/r/IAmA/comments/
3wyb3m/we_are_the_team_working_on_react_
native_ask_us/.json
```

(3) 该请求将返回评论数组。与前面一样，这里实施了一些防御措施，在 catch 块中捕获了 getComments 方法中的所有错误，并最终返回了响应。

下面通过传递如下 link 值快速测试一下 getComments：

```
r/IAmA/comments/3wyb3m/we_are_the_team_working_on_react_native_
ask_us/.json
```

```
getComments('r/IAmA/comments/3wyb3m/we_are_the_team_working_on_
react_native_ask_us/.json')
```

上面的调用返回了：

```
[ { kind: 'Listing',
    data: { modhash: '', children: [Object], after: null,
    before: null } },
  { kind: 'Listing',
    data: { modhash: '', children: [Object], after: null,
    before: null } } ]
```

现在两个 API 已经准备完毕，是时候合并这些结果了。

9.2.2　合并 Reddit 调用

上一节介绍了如何定义 searchReddit 和 getComments(见代码清单 9-2 和代码清单 9-3)，并描述了它们的任务和返回的响应。本节将教你编写一个高阶函数，它接收搜索文本并使用上面两个函数完成目标。

此处称该函数为 mergeViaMayBe，其实现如代码清单 9-4 所示。

代码清单 9-4　mergeViaMayBe 函数定义

```
let mergeViaMayBe = (searchText) => {

    let redditMayBe = MayBe.of(searchReddit(searchText))
    let ans = redditMayBe
```

```
                .map((arr) => arr['data'])
                .map((arr) => arr['children'])
                .map((arr) => arrayUtils.map(arr, (x) => {
                        return {
                            title : x['data'].title,
                            permalink : x['data'].permalink
                        }
                    }
                ))
                .map((obj) => arrayUtils.map(obj, (x) => {
                    return {
                        title: x.title,
                        comments: MayBe.of(getComments(x.
                        permalink.replace("?ref=search_posts",".
                        json")))
                    }
                }));
    return ans;
}
```

下面用搜索文本 functional programming 快速检验一下该函数：

```
mergeViaMayBe('functional programming')
```

上面的调用将给出结果：

```
MayBe {
  value:
   [ { title: 'ELI5: what is functional programming and how is
   it different from OOP',
       comments: [Object] },
     { title: 'ELI5 why functional programming seems to be "on
     the rise" and how it differs from OOP',
       comments: [Object] } ] }
```

注意：

为了展示得更清楚些，上面减少了该调用结果的数量。默认的调用返回了 25 个结果，这些结果需要几页的篇幅才能展示在 mergeViaMayBe 的输出中。从此处开始，本书将展示最小限度的输出。请注意，源代码的例子将执行调用并打印出全部 25 个结果。

下面将详细解释 mergeViaMayBe 函数所做的事情。该函数首先用 searchText 值调用了 searchReddit。调用结果被封装到 MayBe 中：

```
let redditMayBe = MayBe.of(searchReddit(searchText))
```

完成此步骤后，就可对结果进行 map 链式调用了。

我们需要记住搜索词条(也就是 searchReddit 要调用的词条)，它将在下面的结构中返回结果：

```
{ kind: 'Listing',
  data:
   { facets: {},
    modhash: '',
children:
  [ [Object],
    [Object],
    [Object],
    [Object],
    [Object],
    [Object],
    . . .
    [Object],
    [Object] ],
after: 't3_terth',
before: null } }
```

为了获取 permalink(在 children 对象中)，需要访问 data.children。代码如下：

```
redditMayBe
     .map((arr) => arr['data'])
     .map((arr) => arr['children'])
```

现在我们获得了 children 数组的句柄。记住，每个 children 元素都是具有如下结构的对象：

```
{ kind: 't3',
  data:
   { contest_mode: false,
    banned_by: null,
```

```
        domain: 'self.compsci',
        . . .
        permalink: '/r/compsci/comments/3mecup/eli5_what_is_
        functional_programming_and_how_is_it/?ref=search_posts',
        locked: false,
        stickied: false,
        . . .
        visited: false,
        num_reports: null,
        ups: 134 } }
```

我们只需要从中获取 title 和 permalink。由于 children 是一个数组，此处将对其应用 Array 的 map 函数：

```
.map((arr) => arrayUtils.map(arr, (x) => {
        return {
            title : x['data'].title,
            permalink : x['data'].permalink
        }
    }
))
```

现在我们获得了 title 和 permalink，最后一步便是把 permalink 传给 getComments 函数，该函数将根据传入的值获取评论列表。如下面的代码所示：

```
.map((obj) => arrayUtils.map(obj, (x) => {
        return {
            title: x.title,
            comments: MayBe.of(getComments(x.permalink.
            replace("?ref=search_posts",".json")))
        }
}));
```

由于 getComments 的调用可能得到一个错误值，此处将其封装在 MayBe 内部：

```
. . .
    comments: MayBe.of(getComments(x.permalink.
    replace("?ref=search_posts",".json")))
. . .
```

注意：

必须将 permalink 中的?ref=search_posts 替换为.json，因为以?ref=search_posts 结尾的搜索结果不是 getComments API 调用所需的正确格式。

整个过程没有脱离 MayBe 的使用。在 MayBe 之上运行所有的 map 函数，不必有太多的顾虑，而且我们通过它优雅地解决了问题，不是吗？不过，如果以这种方式使用 MayBe 函子，需要面对一个小问题。下一节将讨论该问题。

9.2.3　多个 map 的问题

如果计算一下 mergeViaMayBe 函数中在 MayBe 之上调用 map 的次数，你会发现一共有 4 次。这有什么关系？谁会关心 map 调用的次数呢？

尝试理解 mergeViaMayBe 中多次 map 链式调用带来的问题。假设我们想获取从 mergeViaMayBe 返回的一个 comments 数组。向 mergeViaMayBe 函数传入搜索文本 functional programming：

```
let answer = mergeViaMayBe("functional programming")
```

调用 answer 后得到：

```
MayBe {
  value:
   [ { title: 'ELI5: what is functional programming and how is
   it different from OOP',
       comments: [Object] },
       { title: 'ELI5 why functional programming seems to be "on
       the rise" and how it differs from OOP',
         comments: [Object] } ] }
```

下面尝试获取 comments 对象。由于返回值是 MayBe，我们可调用它的 map：

```
answer.map((result) => {
    //处理结果
})
```

结果(值为 MayBe)是一个包含 title 和 comments 的数组，因此下面使用 Array 的 map：

```
answer.map((result) => {
   arrayUtils.map(result,(mergeResults) => {
      //mergeResults
   })
})
```

每个 mergeResults 都是一个包含 title 和 comments 的对象。记住，comments 也是一个 MayBe。因此为了得到 comments，需要调用 map：

```
answer.map((result) => {
   arrayUtils.map(result,(mergeResults) => {
      mergeResults.comments.map(comment => {
         // 终于得到了 comment 对象
      })
   })
})
```

看来我们需要做更多的工作才能获取 comments 列表。假设某人使用此处的 mergeViaMayBe API 去获取 comments 列表，他们真的会对嵌套的 map 恼火。能改进一下 mergeViaMayBe 吗？当然可以——下面介绍 Monad！

9.3 通过 join 解决问题

在上几节中，为了获得期望的结果，我们需要深入到 MayBe 内部。编写这种 API 的做法显然没什么好处，而且会惹怒其他使用它的开发者。为了解决深层嵌套的问题，下面为 MayBe 函子添加一个 join 方法。

9.3.1 实现 join

下面开始实现 join 函数。它很简单，如代码清单 9-5 所示。

代码清单 9-5 join 函数定义

```
MayBe.prototype.join = function() {
  return this.isNothing() ? MayBe.of(null) : this.value;
}
```

join 简单地返回容器内部的值(如果该值存在)，如果该值不存在，它将返回 MayBe.of(null)。join 虽然简单，但却能帮助我们打开嵌套的 MayBe：

```
let joinExample = MayBe.of(MayBe.of(5))

=> MayBe { value: MayBe { value: 5 } }

joinExample.join()
=> MayBe { value: 5 }
```

如上面的例子所示，join 将嵌套的结构展开为单一的层级。假设我们想为 joinExample MayBe 中的 value 加 4。下面试一试：

```
joinExample.map((outsideMayBe) => {
   return outsideMayBe.map((value) => value + 4)
})
```

上面的代码返回：

```
MayBe { value: MayBe { value: 9 } }
```

虽然值是正确的，但此处执行了两次 map 才得到结果。最终结果同样在一个嵌套的结构中。下面通过 join 来实现：

```
joinExample.join().map((v) => v + 4)

=> MayBe { value: 9 }
```

上面的代码很优雅！对 join 的调用返回了内部的 MayBe，它含有值5。有了该值后，即可运行 map 并为其加 4。返回值是一个扁平的结构：MayBe{ value: 9 }。

下面使用 join 把 mergeViaMayBe 返回的嵌套结构扁平化，如代码清单9-6 所示。

代码清单 9-6　使用 join 的 mergeViaMayBe

```
let mergeViaJoin = (searchText) => {
   let redditMayBe = MayBe.of(searchReddit(searchText))
   let ans = redditMayBe.map((arr) => arr['data'])
            .map((arr) => arr['children'])
            .map((arr) => arrayUtils.map(arr, (x) => {
               return {
                  title : x['data'].title,
                  permalink : x['data'].permalink
               }
            }
         ))
         .map((obj) => arrayUtils.map(obj, (x) => {
            return {
                 title: x.title,
               comments: MayBe.of(getComments
               (x.permalink.replace
               ("?ref=search_posts",".json"))).join()
            }
         }))
         .join()
   return ans;
}
```

如你所见，此处只在代码中添加了两个 join。一个在 comments 片段，这里创建了一个嵌套的 MayBe；另一个在所有的 map 操作之后。

下面用 mergeViaJoin 实现同样的逻辑，即从结果中获取评论数组。首先，快速看一下 mergeViaJoin 返回的响应：

```
mergeViaJoin("functional programming")
```

该调用将返回：

```
[ { title: 'ELI5: what is functional programming and how is it
different from OOP',
   comments: [ [Object], [Object] ] },
  { title: 'ELI5 why functional programming seems to be "on the
  rise" and how it differs from OOP',
   comments: [ [Object], [Object] ] } ]
```

将上面的结果与旧的 mergeViaMayBe 相比：

```
MayBe {
  value:
    [ { title: 'ELI5: what is functional programming and how is
    it different from OOP',
        comments: [Object] },
      { title: 'ELI5 why functional programming seems to be "on
      the rise" and how it differs from OOP',
        comments: [Object] } ] }
```

如你所见，join 将 MayBe 的值取出并放了回去。下面看看如何把 comments 数组用于任务处理。由于 mergeViaJoin 返回的值是一个数组，此处可对其应用 Array 的 map：

```
arrayUtils.map(result, mergeResult => {
    //mergeResult
})
```

现在每个 mergeResult 变量直接指向了含有 title 和 comments 的对象。注意，我们已经在 MayBe 调用 getComments 时调用了 join，因此，comments 就是一个简单的数组。要从遍历中获取 comments 列表，只需要调用 mergeResult.comments：

```
arrayUtils.map(result,mergeResult => {
    //mergeResult.comments 含有 comments 数组
})
```

该方法看上去很不错，因为我们获得了 MayBe 的全部好处，也获得了一个良好的易于处理的数据结构。

9.3.2　实现 chain

现在看一下代码清单 9-6。你会发现，我们总是要在 map 后调用 join。下面把该逻辑封装到一个名为 chain 的方法中。见代码清单 9-7。

代码清单 9-7　chain 函数定义

```
MayBe.prototype.chain = function(f){
```

```
  return this.map(f).join()
}
```

通过 chain，可将合并函数的逻辑修改为如下结构，见代码清单 9-8。

代码清单 9-8　使用 chain 的 mergeViaMayBe

```
let mergeViaChain = (searchText) => {
    let redditMayBe = MayBe.of(searchReddit(searchText))
    let ans = redditMayBe.map((arr) => arr['data'])
              .map((arr) => arr['children'])
              .map((arr) => arrayUtils.map(arr, (x) => {
                  return {
                      title : x['data'].title,
                      permalink : x['data'].permalink
                  }
              }
           ))
          .chain((obj) => arrayUtils.map(obj, (x) => {
              return {
                  title: x.title,
                  comments: MayBe.of(getComments(x.
                  permalink.replace("?ref=search_posts",
                  ".json"))).join()
              }
              }))
      return ans;
}
```

通过 chain 获得的输出是完全一样的。不妨试试上面的函数。实际上，可通过 chain 把计算评论数量的逻辑引入原来的位置。如代码清单 9-9 所示。

代码清单 9-9　改进 mergeViaChain

```
let mergeViaChain = (searchText) => {
    let redditMayBe = MayBe.of(searchReddit(searchText))
    let ans = redditMayBe.map((arr) => arr['data'])
              .map((arr) => arr['children'])
              .map((arr) => arrayUtils.map(arr, (x) => {
                  return {
```

```
                    title : x['data'].title,
                    permalink : x['data'].permalink
                }
            }
        ))
        .chain((obj) => arrayUtils.map(obj, (x) => {
            return {
                title: x.title,
                comments: MayBe.of(getComments(x.
                permalink.replace("?ref=search_posts",".
                json"))).chain(x => {
                    return x.length
                })
            }
        }))
    return ans;
}
```

现在调用上面的代码：

```
mergeViaChain("functional programming")
```

将返回如下结果：

```
[ { title: 'ELI5: what is functional programming and how is it
different from OOP',
    comments: 2 },
  { title: 'ELI5 why functional programming seems to be "on the
  rise" and how it differs from OOP',
    comments: 2 } ]
```

该解决方案看上去很优雅！但是我们还没有看到 Monad，不是吗？

9.3.3　什么是 Monad

你可能想知道为什么本章开始时承诺介绍 Monad，但直到现在都没有定义什么是 Monad。虽然本章还没有给出其定义，但是你已经在实战中见过它了。

Monad 就是一个含有 chain 方法的函子。如你所见，我们通过添加 chain 方法(当然还有 join 方法)扩展了 MayBe 函子，使其成为 Monad。

本章从一个函子的例子开始，尝试解决持续存在的问题。我们虽然对 Monad 的用法并不了解，但最终使用 Monad 解决了该问题。这是我有意而为的，目的是阐明 Monad 背后的原理(它用函子解决的问题)。本章本可以从简单的 Monad 定义讲起，但是这样只能讲明白什么是 Monad，并不能说明为什么要使用它。

注意：

你可能会感到困惑：MayBe 究竟是一个 Monad，还是一个函子？不要混淆：只有 of 和 map 的 MayBe 是函子。含有 chain 的函子是一个 Monad。

9.4 小结

本章介绍了一个新的函子类型——Monad。我们讨论了重复的 map 调用所导致的嵌套值的问题，这在以后会变得很难处理！本章介绍了一个名为 chain 的新函数，它有助于扁平化 MayBe 数据。我们了解到，含有 chain 的 Pointed 函子被称为 Monad 函子。本章介绍了如何使用一个第三方类库创建 Ajax 调用。下一章将讨论一种看待异步调用的全新方式。

第 10 章

使用 Generator 暂停、恢复和异步

本书从一个简单的函数定义开始，逐章介绍了如何通过函数式编程技术使用函数做一些了不起的事情。我们了解了如何以纯函数式的方式处理数组、对象和错误。这是一个漫长的旅程。但是本书还未谈及每位 JavaScript 开发者都应该了解的一项重要技术——异步编程。

此前我们已经在项目中处理了很多异步代码。或许你想知道，函数式编程能否帮助开发者编写异步代码。答案可以是肯定的，也可以是否定的。此处展示的技术使用了 ES6 Generator，然后使用 async/await。async/await 是 ECMAScript 2017/ES8 规范的新增内容。这两种模式都试图以自己的方式解决相同的回调问题，因此，请密切注意其中的细微差异。Generator 是 ES6 中关于函数的新规范。Generator 不是一种函数式编程技术，但它是函数的一部分。函数式编程不正是围绕函数的技术吗？因此，这本介绍函数式编程的书专门为它设立了本章！

即使你是 Promise(一种解决回调问题的技术)的忠实用户，仍然建议你看一看本章。你可能会喜欢 Generator 及其解决异步代码问题的方式。

注意：

本章的示例和类库源代码在 chap10 分支。仓库的 URL 是 https://github.com/antsmartian/functional-es8.git。

检出代码时，请检出 chap10 分支：

```
...
git checkout -b chap10 origin/chap10
...
```

为使代码运行起来，和前面一样，执行命令：

```
...
npm run playground
...
```

10.1　异步代码及其问题

在介绍 Generator 前，本节将讨论在 JavaScript 中处理异步代码的问题。下面介绍回调地狱(Callback Hell)问题。大多数异步代码模式，如 Generator 或 async/await，都试图以自己的方式解决回调地狱问题。如果你已经了解了它，可以跳到下一节。其他人请继续阅读。

回调地狱

假设我们有一个函数，如代码清单 10-1 所示。

代码清单 10-1　同步函数

```
let sync = () => {
    // 一些操作
    // 返回数据
}

let sync2 = () => {
    // 一些操作
    // 返回数据
}

let sync3 = () => {
```

```
    // 一些操作
    // 返回数据
}
```

上面的函数 sync、sync2 和 sync3 同步地执行了一些操作并返回结果。因此，可用如下方式调用这些函数：

```
result = sync()
result2 = sync2()
result3 = sync3()
```

如果操作是异步的，情况会如何呢？下面看一下实例，如代码清单 10-2 所示。

代码清单 10-2　异步函数

```
let async = (fn) => {
    // 一些异步操作
    // 用异步操作调用回调
    fn(/* 结果数据 */)
}

let async2 = (fn) => {
    // 一些异步操作
    // 用异步操作调用回调
    fn(/* 结果数据 */)
}

let async3 = (fn) => {
    // 一些异步操作
    // 用异步操作调用回调
    fn(/* 结果数据 */)
}
```

同步与异步：

同步是指函数在执行时会阻塞调用者，并在执行完毕后返回结果。

异步是指函数在执行时不会阻塞调用者，但是一旦执行完毕就会返回结果。

在项目中处理 Ajax 请求时常常需要处理异步调用。

如果有人想马上处理这些函数，应如何做呢？唯一的方法如代码清单 10-3 所示。

代码清单 10-3　异步函数调用示例

```
async(function(x){
    async2(function(y){
        async3(function(z){
            ...
        });
    });
});
```

如你所见，上面的代码(代码清单 10-3)向 async 函数传入了太多的回调函数。这一小段代码说明了什么是回调地狱。它使程序变得难以理解。处理错误以及从回调中冒泡错误的过程会很棘手，并且总是容易出错。

在 ES6 到来之前，JavaScript 开发者使用 Promise 解决上面的问题。Promise 是很好的解决方案，但事实上 ES6 已经在语言层面上支持 Generator，我们不再需要 Promise 了！

10.2　Generator 101

如前所述，Generator 是 ES6 规范的一部分，被捆绑在语言层面。我们计划使用 Generator 处理异步代码。但在那之前，本节将介绍它的基础知识。本节将重点说明 Generator 背后的核心概念。学习了这些基础知识后，我们将用 Generator 在类库中创建一个处理异步代码的通用函数。下面开始吧。

10.2.1　创建 Generator

首先看看如何创建 Generator。它是具有特殊语法的函数。一个简单的 Generator 如代码清单 10-4 所示。

代码清单 10-4　第一个简单的 Generator

```
function* gen() {
   return 'first generator';
}
```

上面的函数 gen 就是一个 Generator。注意，此处在函数名称(即 gen)前使用了一个星号来说明这是一个 Generator 函数。前面介绍了如何创建 Generator，下面看看如何调用 Generator：

```
let generatorResult = gen()
```

generatorResult 的结果是什么？它会是字符串 first generator 值吗？下面在控制台中检查一下：

```
console.log(generatorResult)
```

结果是：

```
gen {[[GeneratorStatus]]: "suspended", [[GeneratorReceiver]]:
Window}
```

10.2.2　Generator 的注意事项

上面的例子说明了如何创建 Generator 及其实例，以及如何从中取值。但使用 Generator 时，还需要关注一些重要的事情。

第一点是不能无限制地调用 next 从 Generator 中取值。为了明确这一点，下面尝试从第一个 Generator(定义见代码清单 10-4)中取值。

```
let generatorResult = gen()

// 第一次调用
generatorResult.next().value
=> 'first generator'

// 第二次调用
generatorResult.next().value
=> undefined
```

如上面的代码所示，对 next 的第二次调用返回了 undefined，而不是 first generator。原因是 Generator 如同序列：一旦序列中的值被消费，我们就不能再次消费它。在该例子中，generatorResult 是一个带有 first generator 值的序列。第一次调用 next 后，我们(作为 Generator 的调用者)就已经从序列中消费了该值。由于序列已为空，第二次调用它时就会返回 undefined。

为了再次消费该序列，需要创建另一个 Generator 实例：

```
let generatorResult = gen()
let generatorResult2 = gen()

// 第一个序列
generatorResult.next().value
=> 'first generator'

// 第二个序列
generatorResult2.next().value
=> 'first generator'
```

上面的代码也说明了不同的 Generator 实例可处于不同的状态。此处的重点是每个 Generator 的状态取决于调用其 next 函数的方式。

10.2.3 yield 关键字

Generator 函数中有一个新的关键字——yield。本节将讨论如何在 Generator 函数中使用 yield。下面从代码清单 10-5 展示的代码开始。

代码清单 10-5 简单的 Generator 序列

```
function* generatorSequence() {
   yield 'first';
   yield 'second';
   yield 'third';
}
```

我们照常为上面的代码创建一个 Generator 实例：

```
let generatorSequence = generatorSequence();
```

现在，如果第一次调用 next，将得到 first：

```
generatorSequence.next().value
=> first
```

再次调用 next 时会发生什么呢？会得到 first？second？third？还是 Error？下面找出答案：

```
generatorSequence.next().value
=> second
```

我们得到了 second，为什么？yield 使 Generator 函数暂停了执行并将结果返回给调用者。因此，当我们第一次调用 generatorSequence 时，函数看到 yield 后面的值是 first，yield 将函数置于暂停模式并返回了该值(而且它准确地记住了暂停的位置)。当我们下一次调用 generatorSequence 时(使用相同的实例变量)，Generator 函数将从它中断的地方恢复执行。由于它第一次暂停在此行：

```
yield 'first';
```

因此，当我们第二次调用它时(使用相同的实例变量)，将得到值 second。第三次调用它时会发生什么呢？是的，得到值 third。

详细过程如图 10-1 所示。

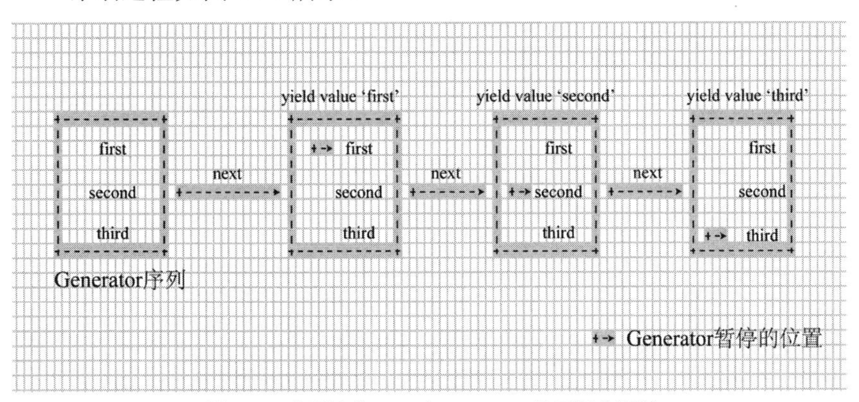

图 10-1 代码清单 10-5 中 Generator 的可视化视图

该序列的详细信息如代码清单 10-6 所示。

代码清单 10-6 调用 Generator 序列

```
// 获取 Generator 实例变量
```

```
let generatorSequenceResult = generatorSequence();

console.log('First time sequence value',generatorSequenceResult.
next().value)
console.log('Second time sequence value',generatorSequenceResult.
next().value)
console.log('third time sequence value',generatorSequenceResult.
next().value)
```

控制台将会输出：

```
First time sequence value first
Second time sequence value second
third time sequence value third
```

通过上面的分析，你应该能够理解为什么称 Generator 为值的序列了。还有一点需要注意：所有带有 yield 的 Generator 都会以惰性求值的顺序执行。

惰性求值

什么是惰性求值？简言之，它意味着代码直到调用时才会被执行。generatorSequence 函数的例子说明了 Generator 是惰性求值的。当我们需要时，相应的值才会被计算并返回。Generator 确实具有惰性，不是吗？

10.2.4 Generator 的 done 属性

前面介绍了如何通过 yield 关键字让 Generator 惰性地生成值的序列。但一个 Generator 能够生成多个序列，用户如何知道何时停止调用 next 呢？因为如果在一个已消费的 Generator 序列上调用 next，代码将返回 undefined。如何处理这种情况呢？此处需要用到 done 属性。

记住，每次对 next 函数的调用都将返回一个对象，如下所示：

```
{value: 'value', done: false}
```

我们知道 value 是来自 Generator 的值。那么 done 呢？它是判断 Generator 序列是否已被完全消费的一个属性。

此处借用上一节的代码(代码清单 10-4)，打印 next 调用返回的对象。见代码清单 10-7。

代码清单 10-7　用于理解 done 属性的代码

```
// 获取 Generator 实例变量
let generatorSequenceResult = generatorSequence();

console.log('done value for the first time',
generatorSequenceResult.next())
console.log('done value for the second time',
generatorSequenceResult.next())
console.log('done value for the third time',
generatorSequenceResult.next())
```

运行上面的代码，将打印出：

```
done value for the first time { value: 'first', done: false }
done value for the second time { value: 'second', done: false }
done value for the third time { value: 'third', done: false }
```

如你所见，我们消费了 Generator 序列中的所有值，因此，对 next 的再次调用将返回下面的对象：

```
console.log(generatorSequenceResult.next())
=> { value: undefined, done: true }
```

done 属性清楚地说明 Generator 序列已被完全消费了！当 done 为 true 时，就应该停止调用特定 Generator 实例的 next。图 10-2 提供了更加可视化的说明。

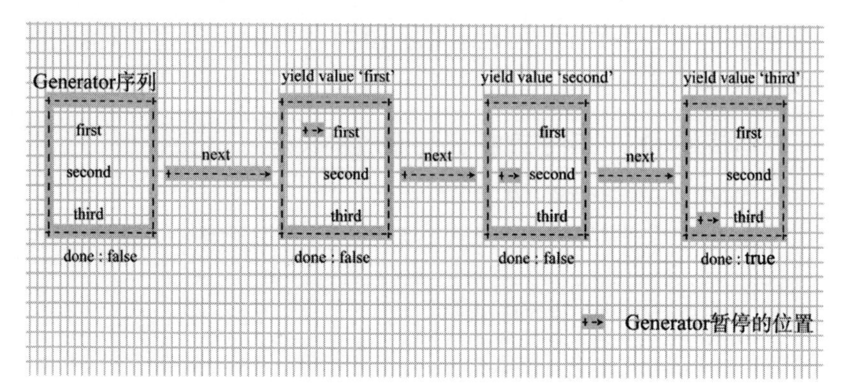

图 10-2　generatorSequence 的 done 属性的可视化视图

由于 Generator 已经成为 ES6 的核心组成部分，可将下面的 for 循环用于遍历 Generator(要知道它是一个序列)：

```
for(let value of generatorSequence())
   console.log("for of value of generatorSequence
   is",value)
```

上面的代码将打印出：

```
for of value of generatorSequence is first
for of value of generatorSequence is second
for of value of generatorSequence is third
```

显然，它利用了 Generator 的 done 属性进行遍历。

10.2.5　向 Generator 传递数据

本节讨论如何向 Generator 传递数据。这种做法起初可能会令人不解，但是如本章所述，它能够简化异步编程。

下面看代码清单 10-8。

代码清单 10-8　向 Generator 传递数据的例子

```
function* sayFullName() {
   var firstName = yield;
   var secondName = yield;
```

```
    console.log(firstName + secondName);
}
```

这段代码可能不会给你带来惊喜。此处将用它来说明向 Generator 传递数据的思想。先照常创建一个 Generator 实例：

```
let fullName = sayFullName()
```

然后调用它的 next：

```
fullName.next()
fullName.next('anto')
fullName.next('aravinth')
=> anto aravinth
```

在上面的代码片段中，最后一次调用在控制台中打印出了 anto aravinth。你可能对此结果不解，下面将慢慢地分析。当第一次调用 next 时：

```
fullName.next()
```

代码将返回并暂停于此行：

```
var firstName = yield;
```

此处没有通过 yield 发送任何值，因此 next 将返回 undefined。有趣的事情发生在第二次调用 next 时：

```
fullName.next('anto')
```

此处向 next 调用传入了值 anto。Generator 将从上一次暂停的状态中恢复，即这一行：

```
var firstName = yield;
```

我们向本次调用传入了值 anto，因此 yield 将被 anto 替换，而且 firstName 的值将变为 anto。在 firstName 被赋值后，执行将(从上一次暂停的状态)恢复，直到再次遇到 yield 并在此处暂停：

```
var secondName = yield;
```

第三次调用 next：

```
fullName.next('aravinth')
```

此行代码被执行后，Generator 将从暂停处恢复。上一次暂停的状态是：

```
var secondName = yield;
```

与前面一样，传入的 aravinth 将替换 yield 并赋值于 secondName。接着 Generator 恢复执行并遇到如下语句：

```
console.log(firstName + secondName);
```

到目前为止，firstName 的值为 anto，而 secondName 的值为 aravinth，因此控制台将打印出 anto aravinth。完整的过程如图 10-3 所示。

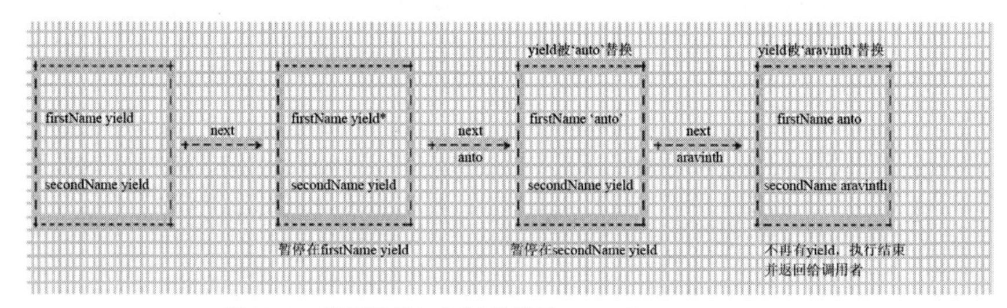

图 10-3　解释数据如何被传递给 sayFullName Generator

你可能想知道我们为什么需要该方法。这是因为通过向 Generator 传递数据，我们可使其实现强大的功能。下一节将介绍如何使用同样的技术处理异步调用。

10.3　使用 Generator 处理异步调用

本节将把 Generator 用于真实案例。通过向 Generator 传递数据，我们将使其实现处理异步调用的强大功能。本节将会很有趣！

10.3.1　一个简单的案例

本节将讲解如何通过 Generator 处理异步代码。我们最初的目的是通过 Generator 解决异步问题，因此本节内容会尽量保持简单。此处将用 setTimeout 调用模拟异步调用！

假设有两个函数(它们本质上是异步的)。见代码清单 10-9。

代码清单 10-9　简单的异步函数

```
let getDataOne = (cb) => {
        setTimeout(function(){
        // 调用回调
        cb('dummy data one')
    }, 1000);
}

let getDataTwo = (cb) => {
        setTimeout(function(){
        // 调用回调
        cb('dummy data two')
    }, 1000);
}
```

上面两个函数用 setTimeout 模仿了异步代码。期望的时间过去以后，setTimeout 将用 dummy data one 和 dummy data two 分别调用传入的回调 cb。首先，在不使用 Generator 的情况下调用这两个函数：

```
getDataOne((data) => console.log("data received",data))
getDataTwo((data) => console.log("data received",data))
```

1000 毫秒后上面的代码将打印出：

```
data received dummy data one
data received dummy data two
```

注意，此处通过传入回调来获得响应。前面已经讨论过，回调地狱在异步代码中是非常糟糕的。下面用 Generator 的知识来解决该问题。改造 getDataOne 和 getDataTwo 函数，使其使用 Generator 实例(而不是回调)来传送数据。

首先，将 getDataOne 函数(见代码清单 10-9)改造为如下结构，见代码清单 10-10。

代码清单 10-10　改造 getDataOne 函数，使其使用 Generator

```
let generator;
let getDataOne = () => {
        setTimeout(function(){
        // 调用 Generator 并
        // 通过 next 传递数据
        generator.next('dummy data one')
    }, 1000);
}
```

把含有回调的一行从：

```
. . .
cb('dummy data one')
. . .
```

修改为：

```
generator.next('dummy data one')
```

这只是简单的改动。注意，此处移除了该例子不需要的 cb。下面对 getDataTwo(见代码清单 10-9)执行同样的改造，如代码清单 10-11 所示。

代码清单 10-11　改造 getDataTwo 函数，使其使用 Generator

```
let getDataTwo = () => {
        setTimeout(function(){
        // 调用 Generator 并
        // 通过 next 传递数据
        generator.next('dummy data two')
    }, 1000);
}
```

修改完成后，可测试一下新的代码。把 getDataOne 和 getDataTwo 调用封装到一个单独的 Generator 函数中，见代码清单 10-12。

代码清单 10-12　main Generator 函数

```
function* main() {
    let dataOne = yield getDataOne();
    let dataTwo = yield getDataTwo();
```

```
    console.log("data one",dataOne)
    console.log("data two",dataTwo)
}
```

main 代码与上一节中的 sayFullName 函数非常相似。下面为 main 创建一个 Generator 实例并触发 next 调用，看看会发生什么：

```
generator = main()
generator.next();
```

控制台中将打印出：

```
data one dummy data one
data two dummy data two
```

这与期望的完全一致。main 代码看上去像在同步地调用 getDataOne 和 getDataTwo。但这两个调用都是异步的。记住，这些调用永远不会阻塞代码，而且会以异步的方式运行。下面分析一下整个过程是如何运行的。

首先，用之前声明的 Generator 变量为 main 创建一个 Generator 实例。记住，getDataOne 和 getDataTwo 都用该 Generator 向其调用传递数据，此过程本章稍后介绍。创建实例后，用下面这行代码触发整个过程：

```
generator.next()
```

它将调用 main 函数。main 函数开始执行，并遇到第一个 yield：

```
. . .
let dataOne = yield getDataOne();
. . .
```

现在 Generator 进入了暂停模式，因为它遇到了一个 yield 语句。但是在进入暂停模式前，它调用了 getDataOne 函数。

注意：

此处需要重点注意的是，虽然 yield 使语句暂停了，但它不会让调用者等待(也就是说，调用者不会被阻塞)。为了讲得更具体些，此处给出了如下代码:

```
generator.next() //虽然 Generator 为异步代码暂停了
```

```
console.log("will be printed")

=> will be printed

=>Generator 的数据结果在此打印
```

上面的代码说明，即便 generator.next 使 Generator 函数等待 next 调用，调用者(调用 Generator 的代码)也不会被阻塞！从上面的代码可以看出，console.log 将会正常打印(说明 generator.next 不会阻塞执行)，一旦异步操作完成，我们就会从 Generator 中得到数据。

有趣的 getDataOne 函数在其内部有如下代码：

```
. . .
generator.next('dummy data one')
. . .
```

如上一节所述，通过传递参数调用 next 的代码将恢复暂停的 yield。在本例中，此处将发生同样的事情。记住，此行代码在 setTimeout 内部。因此，它将在 1000 毫秒后执行。就在那时，代码在这一行暂停了：

```
let dataOne = yield getDataOne();
```

此处还要重点注意：当此行暂停时，时间将会从 1000 倒数至 0。到达 0 后，代码将会执行下面这行：

```
. . .
generator.next('dummy data one')
. . .
```

这将会向 yield 语句返回 dummy data one。因此，dataOne 变量变为 dummy data one：

```
// 1000 毫秒后，dataOne 变为'dummy data one'
let dataOne = yield getDataOne();
=> dataOne = 'dummy data one'
```

此处的代码很有趣！dataOne 被设置为 dummy data one 后，代码将会继续执行到下一行：

```
. . .
let dataTwo = yield getDataTwo();
. . .
```

此行将以同样的方式运行！执行此行后，我们得到了 dataOne 和 dataTwo：

```
dataOne = dummy data one
dataTwo = dummy data two
```

main 函数最后的语句将在控制台打印出：

```
. . .
console.log("data one",dataOne)
console.log("data two",dataTwo)
. . .
```

完整的过程如图 10-4 所示。

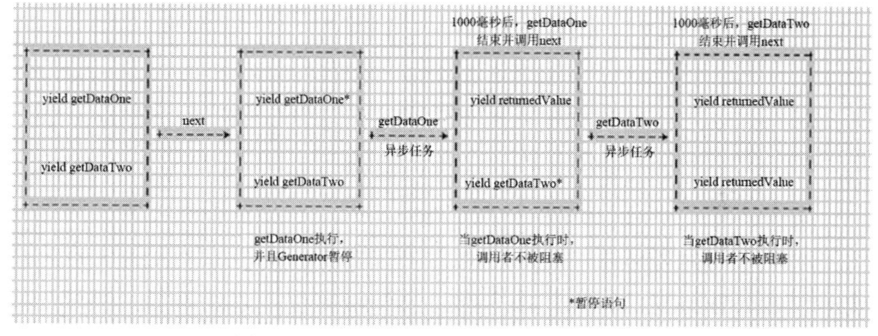

图 10-4 main Generator 函数的内部运作机制

现在，发起异步调用就和发起同步调用一样，但异步调用是以异步的方式运行的。

10.3.2 一个真实的案例

上一节介绍了如何通过 Generator 有效地处理异步代码。为了模仿异步工作流，我们使用了 setTimeout。本节将教你使用一个函数触发一个真正的对 Reddit API 的 Ajax 调用，以展现 Generator 的真实能力。

下面创建一个名为 httpGetAsync 的函数来构造一个异步调用，见代码清单 10-13。

代码清单 10-13　httpGetAsync 函数定义

```
let https = require('https');
function httpGetAsync(url,callback) {

   return https.get(url,
      function(response) {
         var body = '';
         response.on('data', function(d) {
            body += d;
         });
         response.on('end', function() {
            let parsed = JSON.parse(body)
            callback(parsed)
         })
      }
   );
}
```

这是一个简单的函数，它通过 node 中的 https 模块触发了一个 Ajax 调用以获取响应。

注意：

此处不研究 httpGetAsync 函数运行的细节。我们正努力解决的问题是如何转换 httpGetAsync 这类函数。它们以异步的方式运行，但却接收一个回调来处理从 Ajax 调用获取的响应。

下面通过传入一个 Reddit URL 测试一下 httpGetAsync：

```
httpGetAsync('https://www.reddit.com/r/pics/.json',(data)=> {
   console.log(data)
})
```

它会向控制台中打印数据。URL 链接 https://www.reddit.com/r/pics/.json 返回了 Reddit 图片页面的 JSON 列表。返回的 JSON 有一个 data 字段，其结构如下：

```
{ modhash: '',
```

```
  children:
    [ { kind: 't3', data: [Object] },
      { kind: 't3', data: [Object] },
      { kind: 't3', data: [Object] },
      . . .
      { kind: 't3', data: [Object] } ],
    after: 't3_5bzyli',
    before: null }
```

假设我们想获取 children 数组第一个元素的 URL，因此需要访问 data.children[0].data.url。它将提供如下 URL：https://www.reddit.com/r/pics/comments/5bqai9/introducing_new_rpics_title_guidelines/。因为我们需要从该 URL 中获取 JSON 格式，所以要在 URL 后附加.json。该 URL 将变为 https://www.reddit.com/r/pics/comments/5bqai9/introducing_new_rpics_title_guidelines/.json。

下面实践一下：

```
httpGetAsync('https://www.reddit.com/r/pics/.json',(picJson)=>
{
   httpGetAsync(picJson.data.children[0].data.url+".
   json",(firstPicRedditData) => {
      console.log(firstPicRedditData)
   })
})
```

上面的代码将打印出所需的数据。我们不必担心打印出的数据，但要担心代码结构。如本章开头所述，这类代码会受到回调地狱的困扰。此处只有 2 层回调，可能不会暴露出真正的问题。但是如果它发展成 4～5 个嵌套的层级，会如何呢？你能轻松地阅读这种代码吗？显然不能。现在研究如何通过 Generator 解决该问题。

下面把 httpGetAsync 封装到一个单独的方法——request 中，见代码清单 10-14。

代码清单 10-14　request 函数

```
function request(url) {
   httpGetAsync( url, function(response){
```

```
        generator.next( response );
    } );
}
```

此处用 Generator 的 next 调用替换了回调，与上一节非常相似。下面把需求封装到一个 Generator 函数内部，仍称之为 main，见代码清单 10-15。

代码清单 10-15　main Generator 函数

```
function *main() {
    let picturesJson = yield request( "https://www.reddit.
    com/r/pics/.json" );
    let firstPictureData = yield request(picturesJson.data.
    children[0].data.url+".json")
    console.log(firstPictureData)
}
```

上面的 main 函数与代码清单 10-12 中定义的 main 函数非常相似(只改变了方法调用细节)。在代码中，此处在两个 request 调用前加了 yield 语句。如 setTimeout 的例子所示，在 request 上调用 yield 的代码将暂停函数的执行，直到 request 通过接收 Ajax 的响应调用 Generator 的 next。第一个 yield 将获得图片的 JSON 结构，第二个 yield 将获得第一张图片的数据。现在代码看上去像同步代码了，但实际上它是以异步方式运行的。

通过 Generator，我们也避免了回调地狱。现在代码看上去很整洁并清楚地表明了它所做的事情。这种方法真的很强大！

下面尝试运行它：

```
generator = main()
generator.next()
```

这将打印出所需的数据。我们已经清楚地了解了如何通过 Generator 将一个使用回调机制的函数转换为一个基于 Generator 的函数。与此同时，我们获得了处理异步操作的整洁代码。

10.4　ECMAScript 2017 中的异步函数

前面介绍了多种异步运行函数的方法。基本上，执行后台作业的唯一方法是使用回调，但我们刚刚了解了它们是如何导致回调地狱的。Generator 或序列提供了一种使用 yield 操作符和 Generator 函数来解决回调地狱问题的方法。作为 ECMA8 脚本的一部分，两个新的操作符(分别被称为 async 和 await)得以面世。这两个新的操作符通过引入使用 Promise 编写异步代码的现代设计模式，解决了回调地狱问题。

10.4.1　Promise

如果你已知道 Promise，可跳过这一节。在 JavaScript 世界中，Promise 是指应该在未来某个时刻完成(或失败)的工作。例如，父母可能会承诺，如果孩子在即将到来的考试中获得 A+，就给他们一台 XBOX，如下面的代码所示：

```
let grade = "A+";
let examResults = new Promise(
    function (resolve, reject) {
        if (grade == "A+")
            resolve("You will get an XBOX");
        else
            reject("Better luck next time");
    }
);
```

现在，Promise 测试结果在消费时可处于三种状态中的任意一种：挂起、解析或拒绝。下面的代码显示了上述 Promise 的消费示例：

```
let conductExams = () => {
    examResults
    .then(x => console.log(x)) // captures resolve and logs
    "You will get an XBOX"
    .catch(x => console.error(x)); // captures rejection and
    logs "Better luck next time"
};
```

```
conductExams();
```

现在，如果你已经成功地重新学习了 Promise 的理念，就应该可以理解 async 和 await 是做什么的了。

10.4.2 await

await 是一个关键字。如果函数返回 Promise 对象，我们可将 await 添加到函数前，使函数在后台运行。我们通常使用函数或其他 Promise 来消费 Promise，而 await 允许 Promise 在后台解析，从而简化了代码。换句话说，await 关键字等待 Promise 解析或失败。一旦 Promise 被解析，Promise 返回的数据(不管是被解析的还是被拒绝的)就可以被消费，但与此同时，应用程序的主流会被解除阻塞，以执行任何其他重要任务。其余的执行在 Promise 完成时展开。

10.4.3 async

使用 await 的函数应该被标记为 async。

可通过下面的例子来理解 async 和 await 的用法：

```
function fetchTextByPromise() {
   return new Promise(resolve => {
      setTimeout(() => {
         resolve("es8");
      }, 2000);
   });
}
```

在 ES8 可消费这个 Promise 之前，我们可能必须将它封装在一个函数中，如前面的例子所示，或者使用另一个 Promise，如下所示：

```
function sayHello() {
   return new Promise((resolve, reject) => fetchTextByPromise()
  .then(x => console.log(x))
      .catch(x => console.error(x)));
}
```

现在提供一个使用 async 和 await 的更简单、更清晰的版本：

```
async function sayHello() {
    const externalFetchedText = await fetchTextByPromise();
    console.log(`Response from SayHello: Hello,
${externalFetchedText}`);
}
```

也可使用箭头语法编写代码，如下所示：

```
let sayHello = async () => {
    const externalFetchedText = await fetchTextByPromise();
    console.log(`Response from SayHello: Hello,
    ${externalFetchedText}`); // Hello, es8
}
```

我们只需要简单地调用 sayHello()即可使用这个方法：

```
sayHello()
```

10.4.4　链式回调

如果没有见过一些远程 API 调用的示例，我们很难理解 async 和 await 的优势。在下面的示例中，我们调用一个返回 JSON 数组的远程 API。我们静默地等待数组到达，处理第一个对象并进行另一个远程 API 调用。这里需要了解的重点是，在上述过程中，主线程可处理其他事情，因为远程 API 调用可能需要一些时间；因此，网络调用和相应的处理是在后台进行的。

调用远程 URL 并返回 Promise 的函数如下：

```
// 返回 Promise
const getAsync = (url) => {
    return fetch(url)
        .then(x => x)
        .catch(x =>
            console.log("Error in getAsync:" + x)
    );
}
```

下一个函数使用 getAsync：

```
// 'async'只能用于添加了'await'的函数
    async function getAsyncCaller() {
    try {
        // https://jsonplaceholder.typicode.com/users 是一个示例
        // API，它返回 dummy users 的 JSON 数组
        const response = await getAsync("https://
        jsonplaceholder.typicode.com/users"); // 暂停，直至 Promise
                                               // 完成
        const result = await response.json(); //此处移除.json，展示
                                           // 了 Promise 中的错误处理
        console.log("GetAsync fetched " + result.length + "
        results");
        return result;
    } catch (error) {
        await Promise.reject("Error in getAsyncCaller:" +
        error.message);
    }
}
```

下面的代码用于调用流：

```
getAsyncCaller()
    .then(async (x) => {
        console.log("Call to GetAsync function completed");
        const website = await getAsync("http://" + x[0].
        website);
        console.log("The website (http://" + x[0].website + ")
        content length is " + website.toString().length + "
        bytes");
    })
    .catch(x => console.log("Error: " + x)); // 此处捕获了
    // Promise.Reject，可用错误信息执行自定义的错误处理
```

下面给出了前面调用的输出：

```
This message is displayed while waiting for async operation to
complete, you can do any compute here...
GetAsync fetched 10 results
Call to GetAsync function completed
The website (http://hildegard.org) content length is 17 bytes
```

如你所见，代码继续执行并打印下面的控制台语句，这是程序中的最后一条语句，同时远程 API 调用正在后台进行。这之后的任何代码也会执行。

```
console.log("This message is displayed while waiting for async
operation to complete, you can do any compute here...");
```

当第一个 await 完成时，下面的结果是可用的；也就是说，完成第一个 API 调用，并枚举结果。

```
This message is displayed while waiting for async operation to
complete, you can do any compute here...
GetAsync fetched 10 results
Call to GetAsync function completed
```

此时，控件返回给调用者(本例中是 getAsyncCaller)，并且此调用再次由 async 调用等待，该调用使用 website 属性进行另一个远程调用。最终的 API 调用完成后，数据会返回到 website 对象，并执行以下代码块：

```
const website = await getAsync("http://" + x[0].
website);
console.log("The website (http://" + x[0].website + ")
content length is " + website.toString().length + "
bytes");
```

可以看出，我们已经异步地进行了远程 API 的依赖调用，但代码看起来很扁平且可读，因此，调用层次结构可扩展到任何程度，而不涉及任何回调层次结构。

10.4.5　异步调用中的错误处理

如前所述，Promise 也可被拒绝(比如远程 API 不可用或 JSON 格式不正确)。这种情况下，使用者的 catch 块会被调用，它可用于执行任何自定义的异常处理，如下所示：

```
await Promise.reject("Error in getAsyncCaller:" +
error.message);
```

错误也可冒泡到调用者的 catch 块，如下所示。要模拟错误，需要删除.json 函数 getAsyncCaller(请阅读注释以了解更多细节)。另外，请注意这里的 then 处理程序中的异步用法。因为远程的依赖调用使用 await，所以箭头函数可标记为异步。

```
getAsyncCaller()
   .then(async (x) => {
      console.log("Call to GetAsync function completed");
      const website = await getAsync("http://" + x[0].
      website);
      console.log("The website (http://" + x[0].website + ")
      content length is " + website.toString().length + "
      bytes");
   })
   .catch(x => console.log("Error: " + x)); // 此处捕获了
   // Promise.Reject，可用错误信息执行自定义的错误处理
```

新的异步模式更具可读性，包含的代码更少，是线性的，而且优于以前的模式，这使它自然而然地替代了以前的模式。图 10-5 显示了撰写本书时的浏览器支持。有关最新信息，请查看浏览器支持，网址为 https://caniuse.com/#feat=async-functions。

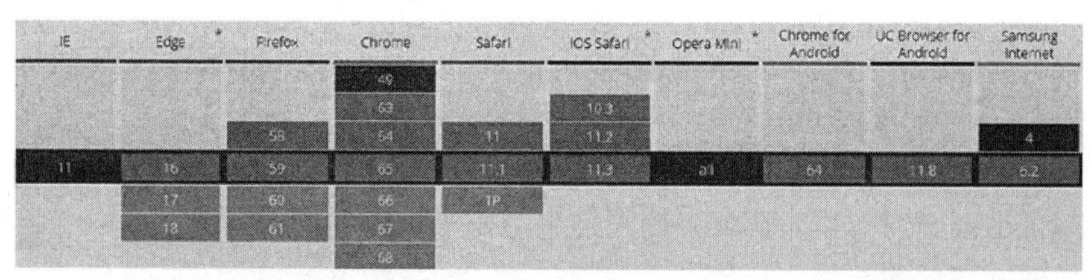

图 10-5 异步浏览器支持。来源：https:// caniuse.com/#feat=async-functions

10.4.6 异步函数转化为 Generator

async 和 await 与 Generator 有着非常密切的关系。事实上，Babel 在后台把 async 和 await 转换为 Generator，如果你查看转换后的代码，这一点是非常明显的。

```
let sayHello = async () => {
   const externalFetchedText = await new Promise(resolve => {
```

```
        setTimeout(() => {
            resolve("es8");
        }, 2000)});
    console.log(`Response from SayHello: Hello,
    ${externalFetchedText}`);
}
```

例如，前面的异步函数将被转译为以下代码(见图 10-6)，可使用任何在线 Babel 转译器(如 https://babeljs.io)来观看转换过程。有关转译代码的详情超出了本书的范围，但如代码所示，关键字 async 被转换为一个名为_asyncToGenerator 的包装器函数(第 3 行)。_asyncToGenerator 是 Babel 添加的一个例程。对于任何使用 async 关键字的代码段，这个函数都将被拉入转译后的代码中。之前代码的关键之处被转换为 switch case 语句(第 41~59 行)，其中每一行代码都被转译为 case，如图 10-6 所示。

```
1   "use strict";
2
3   function _asyncToGenerator(fn) {…
32  }
33
34  var sayHello = (function() {
35    var _ref = _asyncToGenerator(
36      regeneratorRuntime.mark(function _callee() {
37        var externalFetchedText;
38        return regeneratorRuntime.wrap(
39          function _callee$(_context) {
40            while (1) {
41              switch ((_context.prev = _context.next)) {
42                case 0:…
50                case 2:…
56                case 4:
57                case "end":
58                  return _context.stop();
59              }
60            }
61          },
62          _callee,
63          this
64        );
65      })
66    );
67
68    return function sayHello() {
69      return _ref.apply(this, arguments);
70    };
71  })();
72
```

图 10-6　异步函数转化为 Generator

然而，async/await 和 Generator 是 JavaScript 中编写线性异步函数的两种最主要的方法。要使用哪一个，纯粹取决于个人选择。async/await 模式使异步代码看起来像同步代码，因此增加了可读性，而 Generator 实现了对 Generator 内部状态变化的更精细的控制，以及调用者和被调用者之间的双向通信。

10.5 小结

Ajax 调用已经被广泛使用。过去处理 Ajax 调用时，需要传入一个回调来处理结果。回调有其局限性，比如，过多的回调会引起回调地狱问题。本章介绍了一种新的 JavaScript 类型——Generator。它是一种可通过 next 方法暂停和恢复执行的函数。所有 Generator 实例都具有 next 方法。我们了解了如何通过 next 方法向 Generator 传递数据。向 Generator 传递数据的技术有助于解决异步代码的问题。本章介绍了如何通过 Generator 创建看似同步的异步代码，这对任何 JavaScript 开发者来说都是一项非常强大的技术。Generator 是解决回调地狱问题的一种方法，但 ES8 提供了另一种直观的方法——使用 async 和 await 来解决相同的问题。新的异步模式由 Babel 之类的编译器在后台编译成 Generator，并使用 Promise 对象。通过 async/await，可用一种简单、优雅的方式来编写线性异步函数。await(相当于 Generator 中的 yield)可用于任何返回 Promise 对象的函数。如果函数在 body 中的任何地方使用了 await，则该函数应被标记为 async。新模式还使错误处理变得更容易了，因为同步和异步代码引发的异常可用相同的方式处理。

第 11 章

构建 React-Like 库

前面的章节介绍了如何编写函数式 JavaScript 代码，并呈现了它给应用程序带来的模块化、可重用性和简单性。我们理解了组合、过滤器、映射、reduce 等概念，以及其他特性，如异步、等待和管道。然而，我们并没有将这些特性组合在一起以构建一个可重用的库。这是本章将涵盖的内容。本章将介绍如何构建一个完整的库，它将有助于构建应用程序，如 React 或 HyperApp(https://hyperapp.js.org)。本章致力于构建应用程序，而不仅仅是函数。我们将使用前面学到的函数式 JavaScript 编程概念构建两个 HTML 应用程序。我们将学习如何构建具有中央存储的应用程序，如何使用声明性语法呈现用户界面(UI)，以及如何使用自定义库连接事件。我们将构建一个小型 JavaScript 库，它将能呈现带有行为的 HTML 应用程序。下一章将介绍如何为本章构建的库编写单元测试。

在开始构建库之前，需要理解 JavaScript 中一个非常重要的概念——不可变性。

注意：

本章的示例和类库源代码在 chap11 分支。仓库的 URL 是 https://github.com/antsmartian/functional-es8.git。

检出代码时，请检出 chap11 分支：

```
...
git checkout -b chap11 origin/chap11
...
```

以管理员身份打开命令提示，导航到包含 package.json 的文件夹，执行命令：

```
npm install
```

下载运行代码所需的包。

11.1 不可变性

JavaScript 函数作用于数据，这些数据通常存储在字符串、数组或对象等变量中。数据的状态通常被定义为变量在任何给定时间点的值。例如：

```
let x = 5; // 这里 x 的状态是 5
let y = x; // y 的状态与 x 的状态相同
y = x * 2; // 我们正在改变 y 的状态

Console.log ('x = ' + x); // 打印:x = 5;x 是完整的，很简单
Console.log ('y = ' + y); // 打印:y = 10
```

现在思考一下字符串数据类型：

```
let x = 'Hello'; //这里 x 的状态是 Hello
let y = x; // y 的状态和 x 相同
x = x + ' World';//改变 x 的状态

Console.log ('x = ' + x); //打印:x = Hello World
console.log('y = ' + y); //打印:y = y = Hello; y 值不变
```

总之，JavaScript 数字和字符串是不可变的。这些变量类型的状态在创建后不能更改。然而，对于对象和数组，情况并非如此。想一想如下例子：

```
let x = {foo: 'Hello'};
let y = x; // y 的状态应该与 x 相同
```

```
x.foo += ' World'; //改变 x 的状态
Console.log ('x = ' + x.foo); //打印:x = Hello World
console.log('y = ' + y.foo); //打印:y = Hello World; y 也受到影响
```

JavaScript 对象和数组是可变的，可变对象的状态可在创建后修改。

注意：

这还意味着等号对于可变对象而言不是一个可靠的操作符，因为在一个地方更改值的行为将更新所有引用。

下面给出了数组的一个例子。

```
let x = [ 'Red', 'Blue'];
let y = x;

x.push('Green');

console.log('x = ' + x); // prints [ 'Red', 'Blue', 'Green' ]
console.log('y = ' + y); // prints [ 'Red', 'Blue', 'Green' ]
```

如果想使 JavaScript 对象具有不变性，可使用 Object.freeze.Freeze 使对象变为只读的。例如，思考以下代码：

```
let x = { foo : 'Hello' };
let y = x;

Object.freeze(x);

// y.foo += ' World';
// 如果取消上面一行注解，代码将报错，因为 x 和 y 都是只读的

console.log('x = ' + x.foo);
console.log('y = ' + y.foo);
```

总结一下，表 11-1 区分了 JavaScript 中的可变类型和不可变类型。

表 11-1　JavaScript 中的数据类型

不可变类型	可变类型
数字、字符串	对象、数组

在我们构建可跨项目重用的模块化 JavaScript 库时，不变性是一个

非常重要的概念。应用程序的生命周期是由其状态驱动的，而 JavaScript 应用程序主要将状态存储在可变对象中。重要的是，在任何给定的时间点都能预测应用程序的状态。

下一节将介绍如何构建一个可用作可预测状态容器的库。在这个库中，我们将使用不变性和之前学过的各种函数式编程概念。

11.2 构建简单的 Redux 库

Redux 是一个库，其灵感来自流行的单个应用程序架构，如 Flux、CQRS 和 Event Sourcing。Redux 帮助我们集中应用程序状态(state)，以及构建可预测的状态模式。在理解 Redux 是什么之前，我们先试着理解几个流行的 JavaScript 框架是如何处理状态的。以 Angular 为例。Angular 应用依赖文档对象模型(DOM)来存储状态，数据被绑定到名为视图(或 DOM)的 UI 组件上。视图代表模型，反过来，模型的更改可更新视图。当我们添加新特性时，应用程序随着时间水平扩展，状态变化级联效应的预测将变得非常具有挑战性。在任何给定的时间点，状态都可由应用程序中的任何组件或其他模型更改，这使得我们难以确定什么时候以及什么原因导致了应用程序状态的更改。另一方面，React 使用虚拟化 DOM 工作。对于任何状态，React 应用程序都会创建一个虚拟 DOM，然后可呈现这个虚拟 DOM。

Redux 是一个与框架无关的状态库。它可与 Angular、React 或任何其他应用程序一起使用。构建 Redux 是为了解决应用程序状态的常见问题，并缓解模型和视图对它们的影响。Redux 的灵感来自 Facebook 引入的应用架构 Flux。Redux 使用单向的数据流。Redux 的设计原则如下。

- 单一来源的真相：应用程序有一个中心状态。
- 状态是只读的：被称为操作(action)的特殊事件描述状态的变化。
- 由纯函数进行更改：操作由 reducers 消费，而 reducers 是纯函数，当用户操作被识别时可以调用。一次只能发生一个变化。

Redux 的关键特征是真理(状态)只有一个来源。状态本质上是只读的，所以，更改状态的唯一方法是发出一个描述所发生情况的操作。该操作被 reducer 使用，并创建一个新状态，这反过来触发 DOM 更新。操作可被存储和重放，这允许我们做时间旅行调试之类的事情。如果你仍然感到困惑，不要担心；当你开始使用目前学到的知识来实现它时，这个模式会变得更加简单。

图 11-1 展示了 Redux 是如何实现可预测的状态容器的。

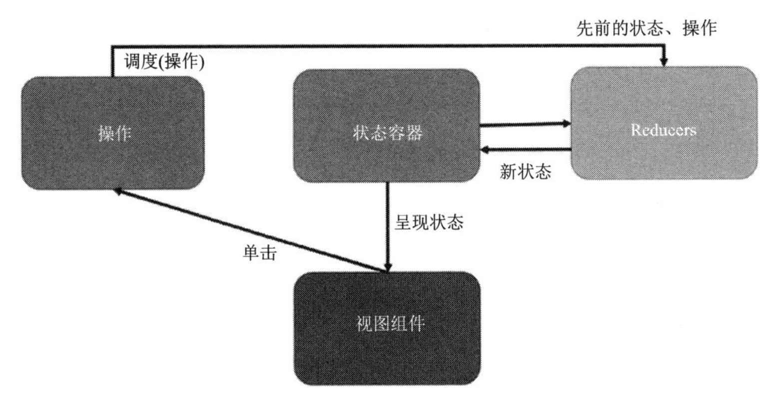

图 11-1　状态容器的 Redux 实现

Redux 的关键成分是 reducer、action(操作)和 state(状态)。有了这个上下文，下面开始构建我们自己的 Redux 库。

注意：

这里构建的 Redux 库还没有准备好生产；须知此处的 Redux 示例仅用于演示函数式 JavaScript 编程的强大功能。

为 Redux 库创建一个新文件夹，并创建一个名为 redux.js 的新文件，该文件将托管我们的库。将下面几节中的代码复制并粘贴到此文件中。可使用任何 JavaScript 编辑器，如 VS Code。Redux 库的首要部分是状态。下面声明一个简单的状态，它有一个名为 counter 的属性。

```
let initialState = {counter: 0};
```

下一个关键成分是 reducer，这是唯一可改变状态的函数。reducer 有两个输入：当前状态和一个作用于当前状态并创建新状态的操作。以下函数在库中充当 reducer：

```
function reducer(state, action) {
  if (action.type === 'INCREMENT') {
    state = Object.assign({}, state, {counter: state.counter + 1})
  }
    return state;
}
```

第 4 章讨论了 Object.assign 的用法，即通过合并旧状态来创建新状态。当你想要避开可变性时，此方法非常有用。reducer 函数负责创建一个新状态而不改变当前状态。后面将介绍如何使用 Object.assign 来实现它。Object.assign 用于在不影响状态对象的情况下将两个状态合并为一个，从而创建一个新状态。

该操作由用户交互进行调度；在示例中，它是一个简单的单击按钮，如下所示：

```
document.getElementById('button').addEventListener('click',
function() {
    incrementCounter();
  });
```

用户单击带有 Id 按钮的按钮时，将调用 incrementCounter。incrementCounter 的代码如下：

```
function incrementCounter() {
  store.dispatch({
    type: 'INCREMENT'
  });
}
```

store 是什么？store 是一个主函数，它封装了导致状态改变的行为，为状态改变(如 UI)调用侦听器，并为操作(action)注册侦听器。在例子中，默认监听器是视图呈现器。下面的函数阐述了 store 的外观。

```
function createStore(reducer,preloadedState){
  let currentReducer = reducer;
    let currentState = preloadedState;
    let currentListeners = [];
```

```
  let nextListeners = currentListeners;

  function getState() {
    return currentState;
  }

  function dispatch(action) {
      currentState = currentReducer(currentState, action);

      const listeners = currentListeners = nextListeners;
    for (let i = 0; i < listeners.length; i++) {
      const listener = listeners[i];
      listener();
    }

    return action;
  }
  function subscribe(listener) {
    nextListeners.push(listener);
  }

  return {
    getState,
    dispatch,
    subscribe
  };
}
```

下面的代码是唯一的监听器，它在状态发生变化时呈现 UI。

```
function render(state) {
  document.getElementById('counter').textContent = state.
counter;
}
```

下面的代码显示了如何使用 subscribe 方法订阅侦听器。

```
store.subscribe(function() {
  render(store.getState());
});
```

下面的代码用于引导应用程序：

```
let store = createStore(reducer, initialState);
```

```
function loadRedux(){
    // 呈现初始状态
    render(store.getState());
}
```

现在可将 Redux 库插入应用程序中，在同一个文件夹下创建一个名为 index.html 的新文件，并粘贴以下代码：

```
<html>
<head>
    <h1>Chapter 11 - Redux Sample</h1>
</head>
<body>
        <h1 id="counter">-</h1>
        <button id="button">Increase</button>
        <script src="./redux.js"></script>
</body>
</html>
```

在加载页面时调用 loadRedux 函数。下面探讨一下应用程序的生命周期。

(1) 加载：使用 store.subscribe 创建 Redux 存储对象并注册侦听器；注册 onclick 事件来调用 reducer。

(2) 单击：调用调度程序，它创建一个新的状态并调用侦听器。

(3) 渲染：侦听器(render 函数)获取更新后的状态并呈现新视图。

这个循环一直持续到应用程序被卸载或销毁为止。使用以下代码，我们可在新文件或更新的 package.json 中打开 index.html(可在本章开头提到的分支中查看完整 package.json 的详细信息)。

```
"scripts": {
    "playground" : "babel-node functional-playground/play.js
    --presets es2015-node5",
    "start" : "open functional-playground/index.html"
}
```

要运行应用程序，可运行此命令，它将在浏览器中打开 index.html(如图 11-2 所示)：

```
npm run start
```

图 11-2　使用 Redux 库的例子

注意，在 UI 上执行的每个操作都保存在 Redux 存储中，这为项目增加了巨大的价值。如果你想知道应用程序当前状态的原因，只需要遍历在初始状态上执行的所有操作并重放它们；这一特性也被称为时间旅行。此模式还可用于在任何时间点撤消或重做状态更改。例如，你可能希望用户在 UI 中进行一些更改，但只根据特定的验证提交这些更改。如果验证失败，你就可轻松撤消状态。Redux 也可用于非 UI 应用程序；记住，它是一个具有时间旅行能力的状态容器。如果想了解更多关于 Redux 的信息，请访问 https://redux.js.org/。

11.3　构建一个类似于 HyperApp 的框架

框架有助于减少开发时间，因为它允许我们在现有基础上进行构建，并在更短的时间内开发应用程序。关于框架最常见的假设是：寻址所有常见的关切，比如缓存、垃圾收集、状态管理和 DOM 渲染(仅适用于 UI 框架)。如果构建应用程序时没有使用上述任何一个框架，你就是在重复劳动。然而，市场上大多数用于构建单页面 UI 应用程序的框架都有一个共同的问题：bundle 大小。表 11-2 提供了最流行的现代 JavaScript 框架的 gzip 包的大小。

表 11-2　流行 JavaScript 框架的 bundle 大小

名称	大小
Angular 1.4.5	51KB
Angular 2 + Rx	143KB
React 16.2.0 + React DOM	31.8KB
Ember 2.2.0	111KB

来源：https://gist.github.com/Restuta/cda69e50a853aa64912d

另一方面，HyperApp 的 Promise 成为可用来构建 UI 应用程序的最薄弱的 JavaScript 框架。HyperApp 的 gzip 版本为 1KB。此处为什么要讨论一个已经建成的库？本节的目的不是介绍如何使用 HyperApp 构建应用程序。HyperApp 的基础是函数式编程概念，如不变性、闭包、高阶函数等。这是我们学习创建类似于 HyperApp 的库的主要原因。

因为 HyperApp 需要解析 JSX (JavaScript 扩展)语法等，所以接下来的章节将介绍什么是虚拟 Dom 和 JSX。

11.3.1 虚拟 DOM

DOM 是一种被普遍接受的表示文档的语言，比如 HTML。HTML DOM 中的每个节点代表 HTML 文档中的一个元素。例如：

```
<div>
<h1>Hello, Alice </h1>
<h2>Logged in Date: 16th June 2018</h2>
</div>
```

用于构建 UI 应用程序的 JavaScript 框架旨在以最有效的方式构建 DOM 并与之交互。例如，Angular 就使用了一种基于组件(component)的方法。使用 Angular 构建的应用包含多个组件，每个组件在组件级别本地存储应用程序的状态部分。状态是可变的，每次状态更改都会重新呈现视图，任何用户交互都可更新状态。例如，前面的 HTML DOM 可在 Angular 中编写，如下所示：

```
<div>
<h1>Hello, {{username}} </h1> ➔ Component 1
<h2>Logged in Date: {{dateTime}}</h2> ➔ Component 2
</div>
```

变量 username 和 dateTime 存储在组件上。不幸的是，DOM 操作的代价很高。尽管这是一个非常流行的模型，但它有许多注意事项，下面列出了其中几点。

(1) 状态不是中心的：应用程序的状态以本地的方式存储在组件中，并跨组件传递，导致了给定时间点上整体状态及其转换的不确定性。

(2) 直接 DOM 操作：每次状态更改都会触发 DOM 更新，因此对于页面上有 50 个或更多控件的大型应用程序，这对性能的影响是非常明显的。

为了解决这些问题，我们需要一个可集中存储和减少 DOM 操作的 JavaScript 框架。前一节介绍了 Redux，它可用来构建一个中心化的、可预测的状态容器。可使用虚拟 DOM 来减少 DOM 操作。

虚拟 DOM 使用 JSON 在内存中表示 DOM，使 DOM 操作在应用于实际 DOM 之前先在内存中表示。根据框架的不同，DOM 的表示方式也不同。前面讨论的 HyperApp 库使用虚拟 DOM 来检测状态变化期间的变化，并且只重新创建增量 DOM，这将提高应用程序的整体效率。下面是 HyperApp 使用 DOM 的一个示例。

```
{
  name: "div",
  props: {
    id: "app"
  },
  children: [{
    name: "h1",
    props: null,
    children: ["Hello, Alice"]
  }]
}
```

虚拟 DOM 被频繁应用于 React 框架，它使用 JSX 来表示 DOM。

11.3.2　JSX

JSX 是 JavaScript 的语法扩展，可用来表示 DOM。下面是 JSX 的一个例子：

```
const username = "Alice"
const h1 = <h1>Hello, {username}</h1>; //HTML DOM embedded in JS
```

虽然 React 大量使用 JSX，但 JSX 对它而言并不是必需的。可将任何有效的 JavaScript 表达式放入 JSX 表达式(如调用函数)中，如下所示。

```
const username = "aliCe";
const h1 = <h1>Hello, {toTitleCase(username)}</h1>;

let toTitleCase = (str) => {
    // 使字符串首字母大写的逻辑
}
```

此处不会深入探讨 JSX 的概念；这里引入 JSX 和虚拟 DOM 的目的是让你熟悉这些概念。如想了解更多关于 JSX 的信息，请访问 https://reactjs.org/ docs/introducing-jsx.html。

11.3.3 JS Fiddle

在前面的所有章节中，我们在开发机器上执行了代码。本节将介绍一个名为 JS Fiddle (https://jsfiddle.net)的在线代码编辑器兼编译器。JS Fiddle 可用于在 HTML、JavaScript 和基于层叠样式表(CSS)的应用程序上编码、调试和协作。JS Fiddle 包含现成的模板，它支持多种语言、框架和扩展。如果你计划做临时应急的 POC(概念证明)或在本书中学习一些有趣的东西，那么 JS Fiddle 是最好的工具。它允许我们在线保存工作，使我们能在任何地方工作，而且不必为任何新的语言、编译器和库组合设置适当的开发环境。图 11-3 显示了 JS Fiddle 编辑器。

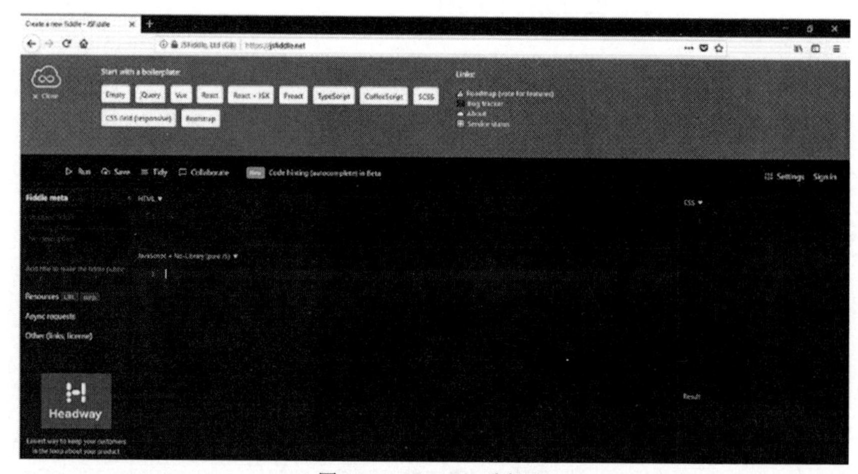

图 11-3　JS Fiddle 编辑器

下面从创建一个新的 JS Fiddle 开始构建库。当你想要保存代码时，请单击顶部功能区上的 Save。如图 11-4 所示，在 LANGUAGE 下拉列表框中选择 Babel + JSX。在 FRAMEWORKS & EXTENSIONS 下拉列表框中，选择 No-Library(pure JS)。选择合适的语言和框架的组合对于库的编译是非常重要的。

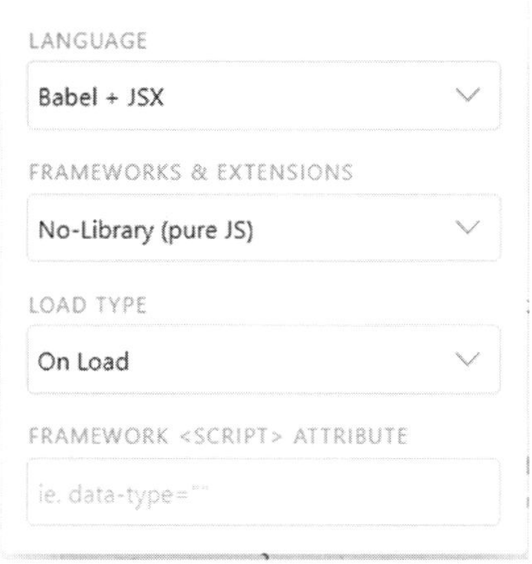

图 11-4　代码示例的 Frameworks and Exteions 选项

库由三个主要组件组成：状态、视图和操作(如 HyperApp)。下面的函数充当库的引导函数。将以下代码粘贴到 JavaScript + No-Library(pure JS)代码部分。

```
function main() {
    app({ view: (state, actions) =>
        <div>
            <button onclick={actions.up}>Increase</button>
        <button onclick={actions.down}>Decrease</button>
        <button onclick={actions.changeText}>Change Text</button>
        <p>{state.count}</p>
        <p>{state.changeText}</p>
        </div>,
        state : {
            count : 5,
        changeText : "Date: " + new Date().toString()
        },
```

```
        actions: {
    down: state => ({ count: state.count - 1 }),
    up: state => ({ count: state.count + 1 }),
    changeText : state => ({changeText : "Date: " +
    new Date().toString()})
  }
  })
}
```

这里的状态是一个简单的对象。

```
state : {
            count : 5,
            changeText : "Date: " + new Date().toString()
}
```

操作不会直接更改状态，但每当操作被调用时，都会返回一个新状态。函数 down、up 和 changeText 作用于作为参数传递的状态对象，并返回一个新的状态对象。

```
actions: {
      down: state => ({ count: state.count - 1 }),
      up: state => ({ count: state.count + 1 }),
      changeText : state => ({changeText : "Date: " + new
Date().toString()})
}
```

该视图使用 JSX 语法表示虚拟 DOM。DOM 元素被绑定到状态对象，而事件被注册到操作上。

```
<div>
      <button onclick={actions.up}>Increase</button>
   <button onclick={actions.down}>Decrease</button>
      <button onclick={actions.changeText}>Change Text
      </button>
      <p>{state.count}</p>
      <p>{state.changeText}</p>
</div>
```

这里显示的应用程序函数是库的关键，它将状态、视图和操作接收为单独的 JavaScript 对象，并呈现实际的 DOM。将以下代码粘贴到

JavaScript + No-Library(pure JS)部分。

```
function app(props){
let appView = props.view;
let appState = props.state;
let appActions = createActions({}, props.actions)
let firstRender = false;
let node = h("p",{},"")
}
```

函数 h 的灵感来自 HyperApp，它创建了 DOM 的 JavaScript 对象表示。这个函数基本上负责创建状态改变时呈现的 DOM 内存表示。在 pageLoad 期间调用下面的函数，该函数将创建一个空的<p></p>节点。将以下代码粘贴到 JavaScript + No-Library(pure JS)部分。

```
//转换器代码
function h(tag, props) {
  let node
  let children = []

  for (i = arguments.length; i-- > 2; ) {
    stack.push(arguments[i])
  }
while (stack.length) {
  if (Array.isArray((node = stack.pop()))) {
    for (i = node.length; i--; ) {
      stack.push(node[i])
    }
  } else if (node != null && node !== true && node !== false)
{
     children.push(typeof node === "number" ?
     (node = node + "") : node)
    }
  }

  return typeof tag === "string"
    ? {
        tag: tag,
        props: props || {},
        children: children,
```

```
            generatedId : id++
          }
        : tag(props, children)
    }
```

请注意，对于 JSX，调用 h 函数时，我们会留下以下注释：

```
/** @jsx h */
```

这将由 JSX 解析器读取，并调用 h 函数。

app 函数包含各种子函数，下面的章节将予以介绍。这些函数是使用前面讨论过的函数式编程概念构建的。每个函数接收一个输入，对其进行操作，并返回一个新状态。转换器(即 h 函数)接收标签和属性。通常情况下，app 函数解析 JSX 并将标签和属性作为参数发送出去以后，JSX 解析器将调用 h 函数。如果仔细观察 h 函数，就会发现它使用了基本的函数编程范式——递归。它递归地构建 JavaScript 数据类型 DOM 的树状结构。

例如，调用 h('buttons', props)，其中 props 是一个带有附加到标签上的其他属性的对象(如 onclick 函数)，函数 h 将返回一个等效的 JSON，如下所示。

```
{
children:["Increase"]
generatedId:1
props:{onclick: f}
tag:"button"
}
```

11.3.4 createActions

createActions 函数创建一个函数数组，每个函数用于一个 action。如前所述，将 actions 对象作为参数传入。这里注意 Object.Keys、闭包和 map 函数的用法。actions 数组中的每个对象都是一个可通过其名称识别的函数。每个这样的函数都可访问父函数的变量作用域(withActions)，即闭包。即使 createActions 函数已经退出了执行上下文，闭包在执行时也会保留父作用域中的值。在本示例中，函数的名称是 up、 down 和 changeText。

```
function createActions(actions,withActions){
    Object.keys(withActions || {}).map(function(name){
        return actions[name] = function(data) {
            data = withActions[name];
            update(data)
        }
    })
  return actions
}
```

图 11-5 是运行时 actions 对象的外观示例。

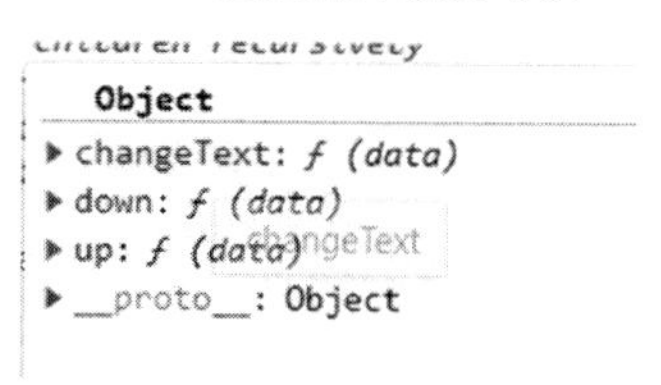

图 11-5 运行时的 actions 对象

11.3.5　render

render 函数负责用新 DOM 替换旧 DOM。图 11-6 显示了运行时子对象的状态。

```
// The update funct
function update(with
    withState = with
    if(merge(appStat
        appState = m
        render();
    }
}

// the merge functi
function merge(target
  var result = {}
  for (var i in targe
  for (var i in sourc
  return result
}

// The patch function
function patch(node,newNode) {   node = {tag: "p", props: {…}, childr

Object
▼children: Array(5)
  ▶0: {tag: "button", props: {…}, children:
  ▶1: {tag: "button", props: {…}, children:
  ▶2: {tag: "button", props: {…}, children:
  ▶3: {tag: "p", props: {…}, children: Arra
  ▶4: {tag: "p", props: {…}, children: Arra
   length: 5
  ▶__proto__: Array(0)
 generatedId: 6
▶props: {}
 tag: "div"
▶__proto__: Object
```

图 11-6　运行时子对象的状态

```
function render() {
  let doc = patch(node,(node = appView(appState,appActions)))
  if(doc) {
      let children = document.body.children;
      for(let i = 0; i <= children.length; i++){
          removeElement(document.body, children[i],
          children[i])
      }
      document.body.appendChild(doc);
      }
  }
```

11.3.6 patch

patch 函数负责在递归中创建 HTML 节点。例如，当 patch 接收到虚拟 DOM 对象时，它将递归地创建与节点等价的 HTML。

```
function patch(node,newNode) {
        if (typeof newNode === "string") {
            let element = document.createTextNode(newNode)
          } else {
             let element = document.createElement(newNode.tag);
             for (let i = 0; i < newNode.children.length; ) {
                 element.appendChild(patch(node,newNode.
                 children[i++]))
             }
                 for (let i in newNode.props) {
                   element[i] = newNode.props[i]
          }
          element.setAttribute("id",newNode.props.id !=
          undefined ? newNode.props.id : newNode.
          generatedId);
      }
  return element;
    }
}
```

11.3.7　update

update 函数是一个高阶函数，负责用新状态更新旧状态并重新呈现应用程序。当用户调用一个操作(如单击图 11-7 中所示的任何按钮)时，就会调用 update 函数。图 11-7 显示了此示例的最终 UI。

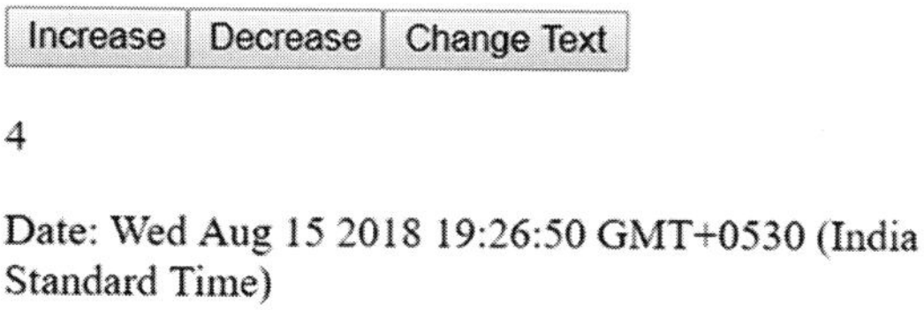

Increase　Decrease　Change Text

4

Date: Wed Aug 15 2018 19:26:50 GMT+0530 (India Standard Time)

图 11-7　此示例的最终 UI

update 函数接收一个函数(如 up、down 或 changeText)作为参数，这使它成为一个高阶函数。这有利于我们向应用程序添加动态行为。如何实现？update 函数直到运行时才会意识到带状态的参数，因此，应用程序的行为要在运行时根据传递的参数来决定。如果传递的是 up，状态就会增加；如果传递的是 down，状态就会递减。函数式编程用更少的代码实现了如此多的功能，可见它有多强大。

应用程序的当前状态将传递给操作(如 up、down)。操作将返回一个全新的状态，因而从根本上遵循了函数化功能范式(HyperApp 严格遵循 Redux 的概念，而 Redux 从根本上基于函数式编程概念)。这是由 merge 函数完成的。获得一个新状态后，我们将调用 render 函数，如下所示。

```
function update(withState) {
        withState = withState(appState)
        if(merge(appState,withState)){
            appState = merge(appState,withState)
            render();
        }
}
```

11.3.8 merge

merge 函数是一个简单的函数，它确保新状态已与旧状态合并。

```
function merge(target, source) {
   let result = {}
   for (let i in target) { result[i] = target[i] }
   for (let i in source) { result[i] = source[i] }
   return result
}
```

如你所见，状态改变的地方将创建一个包含旧状态和已更改状态的新状态并对其进行更改。例如，如果我们调用 Increase 操作，merge 将确保只更新 count 属性。如果仔细观察，你会发现 merge 函数非常类似于 Object.assign。也就是说，它利用给定的状态创建了一个新的状态，而不影响给定的状态。因此，我们可重写 merge 函数，如下所示。

```
function merge(target, source) {
   let result = {}
   Object.assign(result, target, source)
   return result
}
```

这就是 ES8 语法的强大之处。

11.3.9 remove

下面的函数用于从实际 DOM 中删除子对象。

```
// 删除元素
function removeElement(parent, element, node) {
   function done() {
    parent.removeChild(removeChildren(element, node))
   }

   let cb = node.attributes && node.attributes.onremove
   if (cb) {
    cb(element, done)
   } else {
    done()
```

```
    }
}

// 递归地删除子对象
function removeChildren(element, node) {
    let attributes = node.attributes
    if (attributes) {
      for (let i = 0; i < node.children.length; i++) {
        removeChildren(element.childNodes[i], node.children[i])
      }
    }
    return element
}
```

应用程序的 UI 如图 11-8 所示。Increase、Decrease 和 ChangeText 是操作，数字是 5，Date 是状态。

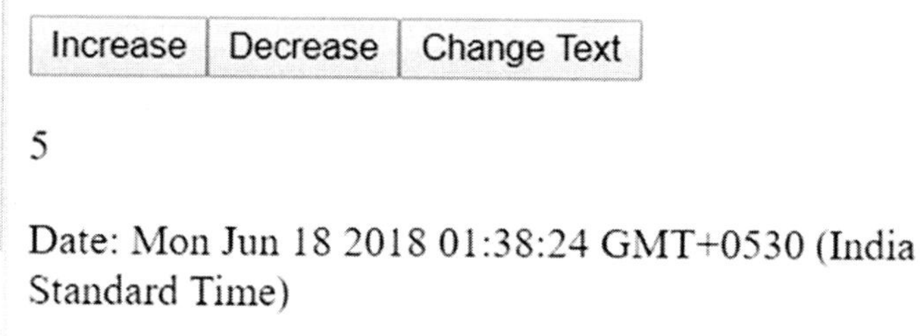

Increase　Decrease　Change Text

5

Date: Mon Jun 18 2018 01:38:24 GMT+0530 (India Standard Time)

图 11-8　此示例的最终 UI

该库的源代码可在 checkout 分支的 hyperapp.js 下获得。可将它粘贴到一个新的 JS Fiddle 中，从而创建应用程序(记住选择正确的语言，如前所述)。也可在 https://jsfiddle.net/ vishwanathsrikanth/akhbj9r8/ 70/上访问我的 JS Fiddle。

有了这个，我们就完成了第二个库。显然，这个库远远小于 1KB，但却能构建交互式 Web 应用程序。此处构建的两个库都只基于函数。所有这些函数只对输入有效，而对全局状态无效。函数使用高阶函数等概念，使系统更易于维护。每个函数都及时接收输入，并仅使用该输入，返回一个新的状态或函数。此处重复使用了许多高阶函数，如 map、each、assign 等。这显示了如何在代码库中重用定义良好的函数。

此外，这两段代码都来自 Redux 和 HyperApp(当然还进行了一些调整)，但你只要遵循函数概念，就可构建流行的库。关于函数的内容到此为止!

不妨尝试使用本书中解释的函数式 JavaScript 概念来构建更多这样的库。

11.4 小结

本章介绍了如何使用函数式 JavaScript 概念来构建库。我们了解了分布式状态将如何随着时间的推移破坏应用程序的可维护性和可预测性，以及类似 Redux 的框架如何帮助我们集中状态。Redux 是一个具有集中只读状态的状态容器；状态的改变只能由传递操作和旧状态的 reducer 实现。我们还使用函数式 JavaScript 概念构建了一个类似 Redux 的库和一个 HTML 应用程序，并学习了虚拟 DOM(它有助于减少 DOM 操作)，以及在 JavaScript 文件中用于表示 DOM 的 JSX 语法。我们在构建 HyperApp 这样的库时使用了 JSX 和虚拟 DOM 概念。HyperApp 是构建单页应用程序时可用的最小的库。

第 12 章

测试与总结

在被证明无罪之前，所有代码都是有罪的。

——匿名

前面的章节解释了函数式 JavaScript 的大部分概念。我们学习了 ES8 规范中的基本原理、先进理念和最新概念。学习任务完成了吗？我们能坚定地宣称自己已经编写了可行的代码吗？不能，除非我们对代码进行了测试，否则不能说代码是完整的。

最后一章将介绍如何为前面编写的函数式 JavaScript 代码编写测试，并教你使用业界最好的测试框架和编码模式来编写灵活易学、自动化测试的代码。本章讨论的模式和实践可用于测试所有可能场景的任何函数代码。本章还将介绍如何测试使用高级 JavaScript 的代码，如 Promise 和异步方法。本章的其余部分将讨论如何使用各种工具运行测试，报告测试状态，计算代码覆盖率，以及应用 linting 实施更好的编码标准；最后总结本书(第 2 版)的一些论点。

注意：

本章的示例和类库源代码在 chap12 分支。仓库的 URL 是 https://github.com/antoaravinth/functional-es8.git。

检出代码时，请检出 chap12 分支：

```
...
git checkout -b chap10 origin/chap12
...
```

以管理员身份打开命令提示，导航到包含 package.json 的文件夹，执行命令：

```
npm install
```

下载运行代码所需的包。

12.1 介绍

每位开发人员都应该知道，编写测试用例是保证代码运行并确保没有错误路径的唯一方法。测试有很多种类型——单元测试、集成测试、性能测试、安全性测试/渗透测试等。每一种测试都满足函数的某些标准。要编写哪些测试，完全取决于函数和函数的优先级。这些都与投资回报(ROI)有关。测试应该回答以下问题：该功能对应用程序重要吗？如果编写这个测试，能否证明该功能是有效的？应用程序的核心功能已被前面提到的所有测试覆盖，而很少使用的功能可能只需要单元和集成测试。推广单元测试并不是本节的要点。相反，我们将介绍在当前 DevOps 场景中编写自动化单元测试的重要性。

DevOps (Development + Operations)是一组过程、人员和工具的集合，用来定义和确保软件应用程序的持续无摩擦交付。那么，测试应该放在模型的哪里呢？答案就是不断的测试。每个拥有 DevOps 交付模型的高效敏捷团队都应确保他们遵循持续集成、测试和交付等实践。简而言之，开发人员完成的每一个代码签入都集成到单一的存储库中，所有的测试都会自动运行，最新的代码会自动部署到一个阶段性的环境中(前提是满足测试的通过标准)。对于大部分成功的公司来说，拥有一个灵活、可靠和快速的交付管道，是成功的关键，如表 12-1 所示。

表 12-1　成功公司的交付管道

组织	部署
Facebook	每天部署 2 次
Amazon	每 11.6 秒部署 1 次
Netflix	每天部署 1000 次

资料来源：维基百科。

假设你是敏捷团队的一员，正使用 Node 构建应用程序，而且已使用本书解释的最佳实践编写了大量的代码，现在需要为代码编写测试，使代码达到可接受的覆盖率和通过标准。本章的目标即教你为 JavaScript 函数编写测试。

图 12-1 显示了持续测试阶段在整个应用程序生命周期中的位置。

图 12-1　应用程序生命周期的持续测试阶段

12.2　测试的类型

下面列出了最重要的测试类型。

- 单元测试：编写单元测试是为了单独测试每个函数。这将是本章的重点。单元测试通过提供输入并确保输出与预期匹配来测试单个函数。单元测试模拟(mock)依赖行为。本章后面会有更多关于 mock 的内容。

- 集成测试：编写集成测试是为了测试端到端功能。例如，对于用户注册场景，这个测试可能会继续在数据存储中创建一个用户，并确保它存在。
- UI(功能测试)：UI 测试是针对 Web 应用程序的；编写这些测试是为了控制浏览器和制定用户旅程。

其他类型的测试有烟雾测试、回归测试、验收测试、系统测试、飞行前测试、渗透测试以及性能测试。

有各种框架可用于编写这些类别的测试，但有关这些测试类型的详细信息超出了本书的范围。本章只讨论单元测试。

12.3 BDD 和 TDD

在深入研究 JavaScript 测试框架之前，此处先简要介绍最著名的测试开发方法——行为驱动开发(BDD)和测试驱动开发(TDD)。

BDD 建议测试函数的行为，而不是它的实现。例如，思考下面的函数，它只是将一个给定的数字加 1。

```
var mathLibrary = new MathLibrary();
var result = mathLibrary.increment(10)
```

BDD 建议编写如下测试代码。尽管这看起来像一个简单的单元测试，但有一个微妙的区别。这里不必担心实现逻辑(比如 Sum 的初始值)。

```
var expectedValue = mathlibrary.seed + 10;
// 假设 seed 是 MathLibrary 的属性
Assert.equal(result, expectedValue);
```

断言(assertion)是帮助验证实际值与期望值的函数，反之亦然。在这里，我们不担心实现细节；相反，我们断言函数的行为，即将值加 1。即使 seed 的值明天发生变化，我们也不需要更新函数。

注意：

断言是大多数测试框架中术语的一部分。它主要用于以各种方式比较预期值和实际值。

TDD 建议先编写测试。例如，在当前场景中，首先编写以下测试代码。当然，它会失败，因为不存在 MathLibrary 或与其对应的名为 increment 的函数。

```
Assert.equal (MathLibrary.increment(10), 11);
```

TDD 背后的想法是，首先编写满足功能需求的断言，但最初会失败。开发的进程依赖于必要的修改(编写代码)以通过测试。

12.4　JavaScript 测试框架

JavaScript 是一种非常适用于编写函数代码的语言。目前有许多可用的测试框架，包括 Mocha、Jest(由 Facebook 开发)、Jasmine 和 Cucumber 等。其中最著名的是 Mocha 和 Jasmine。要为 JavaScript 函数编写单元测试，需要满足以下基本需求的库或工具。

- 测试结构——定义了文件夹结构、文件名和相应的配置。
- 断言函数——一个库，可用于灵活地断言。
- reporter——一个以不同格式(如控制台、HTML、JSON 或 XML)显示结果的框架。
- mock——一个框架，可为虚假的依赖组件提供双重测试。
- 代码覆盖率——使框架能清楚地显现测试覆盖的行数或函数的数量。

遗憾的是，没有一个测试框架提供所有这些功能。例如，Mocha 没有断言库。幸运的是，大多数框架(如 Mocha 和 Jasmine)都是可扩展的；可使用 Babel 的断言库或使用 Mocha 的 expect.js 执行简洁的断言。如果要在 Mocha 和 Jasmine 之间选择，我们将选择编写 Mocha 测试，因为我们认为它比 Jasmine 更灵活。不过，本节的最后将简略描述 Jasmine 测试。

注意：
在我撰写本章时，Jasmine 不支持 ES8 特性的测试，这是我偏向于 Mocha 的原因之一。

12.4.1 使用 Mocha 进行测试

下面几节将解释如何设置 Mocha 以编写测试，以及大体上应如何使用 mock 编写同步和异步测试。让我们开始吧。

1. 安装

Mocha(https://mochajs.org) 是一个由社区支持的、功能丰富的 JavaScript 测试框架，可在 Node.js 和浏览器上运行。Mocha 自诩将异步测试变得简单而有趣，稍后我们将见证这一点。

如下所示，为开发环境全局安装 Mocha。

```
npm install -global mocha
npm install -save-dev mocha
```

添加一个名为 test 的新文件夹，并在 test 文件夹中添加一个名为 mocha-tests.js 的新文件。更新后的文件结构如下。

```
| functional-playground
|------play.js
| lib
|------es8-functional.js
| test
| -----mocha-tests.js
```

2. 简单的 Mocha 测试

在 mocha-tests.js 中添加如下简单的 Mocha 测试。

```
var assert = require('assert');
describe('Array', function () {
   describe('#indexOf()', function () {
      it('should return -1 when the value is not present',
      function () {
```

```
            assert.equal(-1, [1, 2, 3].indexOf(4));
        });
    });
});
```

下面逐步分析以上代码。要导入 Babel 断言库，需要第一行代码。如前所述，Mocha 没有开箱即用的断言库，因此这里需要这一行。此处还可使用任何其他断言库，如 expect.js、chai.js、should.js 等。

```
Var assert = require('assert');
```

Mocha 测试本质上是分级的。前面显示的第一个 describe 函数描述了第一个测试类别'Array'。每一个主类别可以有多个描述，比如'#indexOf'。在这里，'#indexOf'是包含与数组中 indexOf 函数相关的测试的子类别。实际的测试以 it 关键字开始。it 函数的第一个参数应该总是描述预期的行为(Mocha 使用 BDD)。

```
it('should return -1 when the value is not present', function(){})
```

一个子类别中可以有多个 it 函数。下面的代码用于断言预期值和实际值。一个测试用例(这里的 it 函数是一个测试用例)中也可以有多个断言。默认情况下，如果有多个断言，测试将在第一次失败时停止，但这种行为可以更改。

以下代码被添加到 package.json 中，以运行 Mocha 测试。在检出分支时，还要检查开发依赖项和依赖项部分，以了解引入的支持库。

```
"mocha": "mocha --compilers js:babel-core/register --require
babel-polyfill",
```

这里的选项-compilers 和-require 是可选的；在本例中，它们用于编译 ES8 代码。运行以下命令以运行测试。

```
npm run mocha
```

图 12-2 显示了示例响应。

```
> learning-functional@1.0.0 mocha C:\code\apress\code\functional-es6
> mocha --compilers js:babel-core/register --require babel-polyfill



(node:7896) DeprecationWarning: "--compilers" will be removed in a futur
or more info
  Array
    #indexOf()
      √ should return -1 when the value is not present


  1 passing (12ms)
```

图 12-2 对选项的示例响应

观察试验结果的呈现方式。数组是层次结构中的第一级，后面是#indexOf，然后是实际的测试结果。上面的语句 **1 passing** 显示了测试的摘要。

3. currying、Monad 和函子的测试

我们已经理解了很多函数式编程的概念，如 currying、函子和 Monad。本节将教你如何为之前学到的概念编写测试。

下面从编写用于 currying 的单元测试开始。currying 是将具有 *n* 个参数的函数转换为嵌套一元函数的过程。这是正式的定义，但它对于编写单元测试可能没什么用。对任何函数而言，单元测试的编写都非常容易。第一步是列出它的主要特性集。这里引用的是第 6 章描述的 curryN 函数。下面定义它的行为。

(1) curryN 应该总是返回一个函数。

(2) curryN 应该只接收函数，传递任何其他值的行为都应该抛出错误。

(3) 当我们使用相同数量的参数调用它时，curryN 函数应该返回与普通函数相同的值。

现在开始为这些特性编写测试。

```
it("should return a function", function(){
        let add = function(){}
        assert.equal(typeof curryN(add), 'function');
});
```

此测试将断言 curryN 是否总是返回一个函数对象。

```
it("should throw if a function is not provided", function(){
      assert.throws(curryN, Error);
   });
```

通过此测试，当我们未给函数传递参数时，可确保 curryN 抛出 Error。

```
it("calling curried function and original function with same
arguments should return the same value", function(){
      let multiply = (x,y,z) => x * y * z;

      let curriedMultiply = curryN(multiply);
      assert.equal(curriedMultiply(1,2,3), multiply(1,2,3));
      assert.equal(curriedMultiply(1)(2)(3), multiply(1,2,3));
      assert.equal(curriedMultiply(1)(2,3), multiply(1,2,3));

      curriedMultiply = curryN(multiply)(2);
      assert.equal(curriedMultiply(1,3), multiply(1,2,3));
   });
```

上述测试可用于测试 curry 函数的基本功能。现在为函子编写一些测试。在那之前，与处理 currying 时一样，先回顾函子的特征。

(1) 函子是一个保存值的容器。

(2) 函子是实现函数映射的普通对象。

(3) 像 MayBe 这样的函子应该处理 null 或 undefined。

(4) 像 MayBe 这样的函子应该链接起来。

现在，基于函子的定义，我们来看一些测试。

```
it("should store the value", function(){
      let testValue = new Container(3);
      assert.equal(testValue.value, 3);
   });
```

这个测试断言 container 之类的函子将保存一个值。现在，如何测试函子是否实现了 map？有两种方法：可根据原型断言，或调用函数并期望得到正确的值。如下所示。

```
it("should implement map", function(){
     let double = (x) => x + x;
```

```
        assert.equal(typeof Container.of(3).map == 'function', true)
        let testValue = Container.of(3).map(double).map(double);
        assert.equal(testValue.value, 12);
    });
```

下面的测试断言函数是否处理 null，并且能进行链接。

```
it("may be should handle null", function(){
        let upperCase = (x) => x.toUpperCase();
        let testValue = MayBe.of(null).map(upperCase);
        assert.equal(testValue.value, null);
    });
    it("may be should chain", function(){
        let upperCase = (x) => x.toUpperCase();
        let testValue = MayBe.of("Chris").map(upperCase).
        map((x) => "Mr." + x);
        assert.equal(testValue.value, "Mr.CHRIS");
    });
```

现在，通过这种方法，我们应该很容易为 Monad 编写测试。从哪里开始？给你一点提示：看看你是否可以自己编写以下规则的测试。

(1) Monad 应该实现 join。

(2) Monad 应该实现 chain。

(3) Monad 应该移除嵌套。

如果需要帮助，可从 GitHub URL 查看 chap12 分支。

4. 测试功能库

我们已经在 es-functional.js 库中编写了许多函数，并使用 play.js 来执行它们。本节将介绍如何为前面编写的函数式 JavaScript 代码编写测试。与 play.js 一样，这些函数在被使用之前应该被导入到 mocha-tests.js 文件中。因此，现在将以下代码添加到 mocha-tests.js 文件中。

```
import {forEach, Sum} from "../lib/es8-function .js";
```

下面的代码显示了为 JavaScript 函数编写的 Mocha 测试。

```
describe('es8-functional', function () {
   describe('Array', function () {
```

```
    it('Foreach should double the elements of Array, when
    double function is passed', function () {
       var array = [1, 2, 3];
    const doublefn= (data) => data * 2;
    forEach(array, doublefn);
    assert.equal(array[0], 1)
  });
  it('Sum should sum up elements of array', function () {
    var array = [1, 2, 3];
    assert.equal(Sum(array), 6)
  });
  it('Sum should sum up elements of array including
  negative values', function () {
    var array = [1, 2, 3, -1];
    assert.notEqual(Sum(array), 6)
  });
});
```

5. 用 Mocha 进行异步测试

惊喜，惊喜！Mocha 还支持 async 和 await，Promise 或异步函数的测试非常简单，如下所示。

```
describe('Promise/Async', function () {
  it('Promise should return es8', async function (done) {
    done();
    var result = await fetchTextByPromise();
    assert.equal(result, 'es8');
  })
});
```

注意这里对 done 的调用。如果此处没有调用 done 函数，测试将超时，因为它没有按照 Promise 等待 2 秒。这里的 done 函数通知了 Mocha 框架。使用以下命令再次运行测试。

```
npm run mocha
```

结果如图 12-3 所示。

```
> learning-functional@1.0.0 mocha C:\code\apress\code\functional-es6
> mocha --compilers js:babel-core/register --require babel-polyfill



(node:17256) DeprecationWarning: "--compilers" will be removed in a future version of
for more info
  Array
    #indexOf()
      √ should return -1 when the value is not present

  es6-functional
    Array
      √ Foreach should double the elements of Array, when double function is passed
      √ Sum should sum up elements of array
      √ Sum should sum up elements of array including negative values
    Promise/Async
      √ Promise should return es8


  5 passing (72ms)
```

图 12-3　测试结果

重申一开始的陈述：Mocha 固有的灵活性使它最初可能很难建立起来，因为它几乎与所有编写良好的单元测试框架都非常契合，但最终，它的回报是丰厚的。

12.4.2　使用 Sinon 进行模拟

假设你是团队 A 的一员，这个团队是一个大型敏捷团队的一部分，该敏捷团队被分成了较小的团队，如团队 A、团队 B 和团队 C。较大的敏捷团队通常按照业务需求或地理区域划分。

假设团队 B 使用团队 C 的库，团队 A 使用团队 B 的函数库，并且每个团队都应交出经过彻底测试的代码。作为团队 A 的开发人员，在使用团队 B 的函数时，需要再次编写测试吗？不。那怎么保证调用团队 B 的函数时，代码能正常工作？这就是模仿库发挥作用的地方，Sinon 就是这样的库之一。如前所述，Mocha 没有现成的 mocking 库，但是它与 Sinon 无缝集成。

Sinon(Sinonjs.org)是一个独立的框架，为 JavaScript 提供间谍、存根和模拟。Sinon 很容易与任何测试框架集成。

注意：

间谍(spy)、模仿(mock)或存根(stub)虽然解决了类似的问题，并且听起来相互关联，但它们有微妙的差异，开发人员必须清楚地理解。建议更详细地了解 fake、mock 和 stub 之间的区别。本节仅提供概要。

fake 模仿任何 JavaScript 对象，如函数或对象。思考下面的函数。

```
var testObject= {};
testObject.doSomethingTo10 = (func) => {
    const x = 10;
    return func(x);
}
```

这段代码接收一个函数，并在常量 10 上运行它。下面的代码展示了如何使用 Sinon fake 测试这个函数。

```
it("doSomethingTo10", function () {
    const fakeFunction = sinon.fake();
    testObject.doSomethingTo10(fakeFunction);
    assert.equal(fakeFunction.called, true);
});
```

如你所见，此处没有创建一个实际的函数来处理 10；相反，我们伪造了一个函数。断言 fake 的语句是很重要的，这样语句 assert.equal (fakeFunction.called, true) 可确保 fake 函数被调用，它断言函数 doSomethingTo10 的行为。Sinon 在测试函数的背景下提供了更全面的方法来测试 fake 的行为。有关更多细节，请参阅文档。

思考下面的函数：

```
testObject.tenTimes = (x) => 10 * x;
```

下面的代码显示了使用 Sinon 存根编写的测试用例。注意，存根可用来定义函数的行为。

```
it("10 Times", function () {
    const fakeFunction = sinon.stub(testObject, "tenTimes");
    fakeFunction.withArgs(10).returns(10);
    var result = testObject.tenTimes(10);
    assert.equal(result, 10);
```

```
        assert.notEqual(result, 0);
    });
```

更常见的情况是，编写的代码与外部依赖项(如 HTTP Call)交互。如前所述，单元测试是轻量级的，并且应该模拟外部依赖关系，在本例中，外部依赖项是 HTTP Call。

假设有以下函数：

```
var httpLibrary = {};
function httpGetAsync(url,callback) {
    // HTTP Get Call to external dependency
}
httpLibrary.httpGetAsync = httpGetAsync;
httpLibrary.getAsyncCaller = function (url, callback) {
    try {
        const response = httpLibrary.httpGetAsync(url, function
        (response) {
            if (response.length > 0) {
                for (let i = 0; i < response.length; i++) {
                    httpLibrary.usernames += response[i].username +
                    ",";
                }
                callback(httpLibrary.usernames)
            }
        });
    } catch (error) {
        throw error
    }
}
```

如果只想测试 getAsyncCaller，而不想了解 httpGetAsync 的本质(假设它是由团队 B 开发的)，可使用 Sinon 模拟，如下所示。

```
it("Mock HTTP Call", function () {
    const getAsyncMock = sinon.mock(httpLibrary);
    getAsyncMock.expects("httpGetAsync").once().returns(null);
    httpLibrary.getAsyncCaller("", (usernames) =>
    console.log(usernames));
    getAsyncMock.verify();
```

```
    getAsyncMock.restore();
});
```

通过这个测试用例，当我们测试 getAsyncCaller 时，可确保模拟 httpGetAsync。下面的测试用例测试相同的方法，而不使用 mock。

```
it("HTTP Call", function () {
  httpLibrary.getAsyncCaller("https://jsonplaceholder.
  typicode.com/users");
});
```

关于如何为函数式 JavaScript 代码编写测试的介绍即将结束，但是，本章还要介绍一下如何使用 Jasmine 编写测试。

12.4.3　使用 Jasmine 进行测试

Jasmine (https://jasmine.github.io)也是一个著名的测试框架；事实上，Jasmine 和 Mocha 的 API 是相似的。在使用 AngularJS(或 Angular)构建应用程序时，Jasmine 是应用最广泛的框架。与 Mocha 不同，Jasmine 有一个内置的断言库。从编写代码的角度来看，唯一麻烦的地方就是，Jasmine 涉及异步代码的测试。接下来的几个步骤描述如何在代码中设置 Jasmine。

```
npm install -save-dev jasmine
```

如果要全局安装，请运行以下命令：

```
npm install -g jasmine
```

Jasmine 指定了包含配置文件的测试结构，因此运行以下命令，设置测试结构。

```
./node_modules/.bin/jasmine init
```

该命令将创建以下文件夹结构：

```
|-Spec
|-----Support
|---------jasmine.json (Jasmine configuration file)
```

Jasmine.json 包含测试配置；例如，spec_dir 用于指定文件夹，以查找 Jasmine 测试，spec_files 描述用于标识测试文件的常用关键字。更多配置细节，请访问 https://jasmine.github.io/2.3/node.html#section-Configuration。

在 spec 文件夹中用 init 命令创建一个 Jasmine 测试文件，并将该文件命名为 jasmine-tests-spec.js。记住，如果没有关键字 spec，Jasmine 将无法定位测试文件。

下面的代码显示了一个示例 Jasmine 测试。

```
import { forEach, Sum, fetchTextByPromise } from "../lib/es8-
functional.js";
import 'babel-polyfill';

describe('Array', function () {
   describe('#indexOf()', function () {
      it('should return -1 when the value is not present',
      function () {
         expect([1, 2, 3].indexOf(4)).toBe(-1);
      });
   });
});

describe('es8-functional', function () {
   describe('Array', function () {
      it('Foreach should double the elements of Array, when
      double function is passed', function () {
         var array = [1, 2, 3];
         const doublefn = (data) => data * 2;
         forEach(array, doublefn);
         expect(array[0]).toBe(1)
      });
});
```

如你所见，除了断言之外，代码看起来非常类似于 Mocha 测试。可完全使用 Jasmine 重新构建测试库，具体如何操作由你自己决定。

将以下命令添加到 package.json 中来执行 Jasmine 测试。

```
"jasmine": "jasmine"
```

运行以下命令以执行测试：

```
npm run jasmine
```

图 12-4 显示了使用 Jasmine 的测试结果。

```
C:\code\apress\code\functional-es6>npm run jasmine

> learning-functional@1.0.0 jasmine C:\code\apress\code\functional-es6
> jasmine

Randomized with seed 56566
Started
.....


5 specs, 0 failures
Finished in 0.06 seconds
Randomized with seed 56566 (jasmine --random=true --seed=56566)
```

图 12-4　使用 Jasmine 的测试结果

12.5 代码覆盖率

如何确定我们已经用测试覆盖了关键领域？对于任何语言来说，代码覆盖率是唯一可解释测试所覆盖代码的度量。JavaScript 也不例外，因为通过代码覆盖率，我们可得到测试所覆盖代码的行数或百分比。

Istanbul (https://gotwarlost.github.io/istanbul/)是最著名的框架之一，它可在语句、Git 分支或函数级别计算 JavaScript 的代码覆盖率。建立 Istanbul 的方法是很简单的。nyc 是命令行参数的名称，可用来获取代码覆盖率，所以运行如下命令来安装 nyc：

```
npm install -g --save-dev nyc
```

下面的命令可用来运行带有代码覆盖率的 Mocha 测试，所以我们将其添加到 package.json 中。

```
"mocha-cc": "nyc mocha --compilers js:babel-core/register
--require babel-polyfill"
```

运行以下命令以运行 Mocha 测试，并获得代码覆盖率。

```
npm run mocha-cc
```

结果如图 12-5 所示。

9 passing (156ms)

File	% Stmts	% Branch	% Funcs	% Lines	Uncovered Line #s
All files	93.94	50	90.91	93.75	
es6-functional.js	93.94	50	90.91	93.75	20,57

图 12-5　使用 Mocha 编写的测试的代码覆盖率

可见，除了文件 es8-functional.js 中的第 20 行和第 57 行之外，其余的代码都覆盖了 93%。代码覆盖率的理想百分比取决于几个因素，所有这些因素都与投资回报有关。通常 85%是一个推荐的数字，但如果代码被任何其他测试覆盖，代码覆盖率也可小于这个数字。

12.6 linting

代码分析和代码覆盖一样重要，特别是在大型团队中。代码分析帮助你实施统一的编码规则，遵循最佳实践，并实施具有可读性和可维护性的最佳实践。前面编写的 JavaScript 代码可能不符合最佳实践，因为这更适用于产品代码。本节将介绍如何将编码规则应用于函数式 JavaScript 代码。

ESLint(https://eslint.org/)是一个命令行工具，用于识别 ECMAScript/JavaScript 中的错误编码模式。我们可轻松地将 ESLint 安装到任何新的或现有的项目中。运行下面的命令以安装 ESLint。

```
npm install --save-dev -g eslint
```

ESLint 是配置驱动的，下面的命令将创建一个默认配置。此处可能需要回答一些问题，如图 12-6 所示。此编码示例使用 Google 推荐的编码规则。

```
eslint --init
```

```
C:\code\apress\code\functional-es6>eslint --init
? How would you like to configure ESLint? (Use arrow keys)
> Answer questions about your style
  Use a popular style guide
  Inspect your JavaScript file(s)
```

图 12-6　ESLint 初始化步骤

示例配置文件如下所示。

```
{
   "parserOptions": {
      "ecmaVersion": 6,
      "sourceType": "module"
   },
   "rules": {
      "semi": ["error", "always"],
      "quotes": ["error", "double"]
   },
   "env": {
      "node": true
   }
}
```

下面看看第一条规则。

```
"semi": ["error", "always"],
```

该规则规定每个语句后面都必须有分号。现在，如果在代码文件 es-functional.js 上运行它，就会得到如图 12-7 所示的结果。如你所见，上述代码很多地方都违反了这条规则。我们应该在项目刚开始的时候强加编码规则或指导方针。在积累了巨大的代码库之后引入编码规则或添加新规则，会导致大量的代码债务，这将很难处理。

```
C:\code\apress\code\functional-es6>eslint lib\es6-functional.js

C:\code\apress\code\functional-es6\lib\es6-functional.js
   2:23  error  Strings must use doublequote  quotes
   8:2   error  Missing semicolon             semi
  15:2   error  Missing semicolon             semi
  23:2   error  Missing semicolon             semi
  30:22  error  Strings must use doublequote  quotes
  31:23  error  Strings must use doublequote  quotes
  34:23  error  Strings must use doublequote  quotes
  35:44  error  Missing semicolon             semi
  36:31  error  Missing semicolon             semi
  37:13  error  Missing semicolon             semi
  53:46  error  Missing semicolon             semi
  57:18  error  Missing semicolon             semi
  59:2   error  Missing semicolon             semi
  61:57  error  Missing semicolon             semi

? 14 problems (14 errors, 0 warnings)
  14 errors, 0 warnings potentially fixable with the `--fix` option.
```

图 12-7　ESLint 工具的结果

ESLint 帮助我们修复了这些错误。如前面所建议的，只需要运行以下命令：

```
eslint lib\es8-functional.js --fix
```

所有错误都消失了！你可能不会一直幸运，所以务必在开发阶段的早期就施加限制。

12.7　单元测试库代码

上一章介绍了如何创建有助于构建应用程序的库。好的库应该是可测试的，所以测试的代码覆盖率越高，用户就越有可能信任这些代码。当你更改某些内容时，测试有助于快速检查代码中受影响的区域。在本节中，我们将为上一章中编写的 Redux 库代码编写 Mocha 测试。

下面的代码可在 mocha-test.js 文件中找到。mocha-test.js 文件引用了 Redux 库中的代码。下面的测试可确保初始状态始终为空。

```
it('is empty initially', () => {
        assert.equal(store.getState().counter, 0);
    });
```

库中的一个主要函数断言操作是否可影响状态变化。在下面的状态中，通过调用 incrementCounter 来启动状态更改。我们触发单击事件时将调用 incrementCounter。incrementCounter 应该将状态加 1。

```
// 测试状态变化 1 次
    it('state change once', () => {
        global.document = null;
        incrementCounter();
        assert.equal(store.getState().counter, 1);
    });
// 测试状态变化 2 次
    it('state change twice', () => {
        global.document = null;
        incrementCounter();
        assert.equal(store.getState().counter, 2);
    });
```

我们要断言的最后一个函数应检查是否至少存在一个为状态变化而注册的监听器。为了确保至少存在一个监听器，此处还注册了一个监听器；这也被称为安排(Arrange)阶段。

```
// 测试监听器数量
    it('minimum 1 listener', () => {
        //安排
        global.document = null;
        store.subscribe(function () {
            console.log(store.getState());
        });

        //操作
        var hasMinOnelistener = store.currentListeners.length > 1;

        //断言
        assert.equal(hasMinOnelistener, true);
});
```

可运行 npm run mocha 或 npm run mocha-cc 来执行带有代码覆盖率的测试。注意，在图 12-8 中，我们已经涵盖了之前在库中编写的 80%以上的代码。

```
-------------------|----------|----------|----------|----------|-------------------|
File               |  % Stmts | % Branch |  % Funcs |  % Lines | Uncovered Line #s |
-------------------|----------|----------|----------|----------|-------------------|
All files          |    88.33 |       50 |    85.71 |    88.14 |                   |
 es6-functional.js |    93.94 |       50 |    90.91 |    93.75 |             20,57 |
 redux.js          |    81.48 |       50 |       80 |    81.48 |    51,71,73,74,75 |
-------------------|----------|----------|----------|----------|-------------------|
```

图 12-8　代码覆盖率结果

有了这些经验，不妨为上一章中描述的类似于 HyperApp 的库编写单元测试，这将是一个很好的练习。

12.8　最后的想法

又一段美好的旅程临近终点了。希望你能像我们学习 JavaScript 函数式编程的新概念和新模式时一样获得乐趣。下面列出了一些总结性的观点。

- 如果你刚开始一个新项目，不妨试着使用本书中的概念。本书中使用的每个概念都有一个特定的应用领域。在浏览用户场景时，不妨分析一下是否可使用本书中解释的任何概念。例如，如果你正在进行 REST API 调用，可分析一下是否可创建一个库来异步执行 REST API 调用。
- 如果你正在处理一个现有项目，其中有许多意大利面条般的 JavaScript 代码，不妨分析一下代码，将其中一些代码重构为可重用的、可测试的函数。最好的学习方法是实践，所以请仔细检查代码，找到未完成的部分，并将它们拼接在一起，形成一个可扩展、可测试、可重用的 JavaScript 函数。
- 请继续关注 ECMAScript 的更新，因为 ECMAScript 将继续成长，并随着时间的推移变得更好。可在 https://github.com/tc39/proposals 上查看提案，或者如果你有可改进 ECMAScript 或帮助开发人员的新想法，可继续完善该提案。

12.9　小结

本章介绍了测试的重要性、测试类型和开发模型(如 BDD 和 TDD)。首先探讨了 JavaScript 测试框架的需求，并描述了最著名的测试框架 Mocha 和 Jasmine。我们使用 Mocha 编写了简单的测试——函数库测试和异步测试。Sinon 是一个 JavaScript 模拟库，为 JavaScript 提供间谍、存根和模拟。我们学习了如何集成 Sinon 和 Mocha 来模拟依赖行为或对象。我们还学习了如何使用 Jasmine 为 JavaScript 函数编写测试。Istanbul 与 Mocha 无缝集成，并提供可用来衡量可靠性的代码覆盖率。linting 有助于编写简洁的 JavaScript 代码，本章介绍了如何使用 ESLint 定义编码规则。